内在动机

自主掌控人生的力量

Why We Do What We Do
Understanding Self-Motivation

[美] 爱德华·L. 德西（Edward L. Deci） 著
[美] 理查德·弗拉斯特（Richard Flaste）
王正林 译

图书在版编目（CIP）数据

内在动机：自主掌控人生的力量 /（美）爱德华·L. 德西（Edward L. Deci），（美）理查德·弗拉斯特（Richard Flaste）著；王正林译 . —北京：机械工业出版社，2020.8（2023.4 重印）
书名原文：Why We Do What We Do: Understanding Self-Motivation

ISBN 978-7-111-66023-1

I. 内… II. ① 爱… ② 理… ③ 王… III. 成功心理 – 通俗读物 IV. B848.4-49

中国版本图书馆 CIP 数据核字（2020）第 120861 号

北京市版权局著作权合同登记　图字：01-2019-4320 号。

Edward L. Deci, Richard Flaste. Why We Do What We Do: Understanding Self-Motivation.

Copyright © 1995 by Edward L. Deci and Richard Flaste.

Simplified Chinese Translation Copyright © 2020 by China Machine Press.

Simplified Chinese translation rights arranged with The Robbins Office, Inc. and Aitken Alexander Associates Ltd. through Bardon-Chinese Media Agency. This edition is authorized for sale in the Chinese mainland (excluding Hong Kong SAR, Macao SAR and Taiwan).

No part of this book may be reproduced or transmitted in any form or by any means, electronic or mechanical, including photocopying, recording or any information storage and retrieval system, without permission, in writing, from the publisher.

All rights reserved.

本书中文简体字版由 The Robbins Office, Inc. and Aitken Alexander Associates Ltd. 通过 Bardon-Chinese Media Agency 授权机械工业出版社在中国大陆地区（不包括香港、澳门特别行政区及台湾地区）独家出版发行。未经出版者书面许可，不得以任何方式抄袭、复制或节录本书中的任何部分。

内在动机：自主掌控人生的力量

出版发行：	机械工业出版社（北京市西城区百万庄大街 22 号　邮政编码：100037）
责任编辑：	戴思琪
责任校对：	殷　虹
印　　刷：	北京联兴盛业印刷股份有限公司
版　　次：	2023 年 4 月第 1 版第 11 次印刷
开　　本：	147mm×210mm　1/32
印　　张：	7.875
书　　号：	ISBN 978-7-111-66023-1
定　　价：	59.00 元

客服电话：（010）88361066　68326294

版权所有 • 侵权必究
封底无防伪标均为盗版

Why We Do What We Do
Understanding Self-Motivation

|推荐序一|

幸福来自真正的自主

中国有句谚语"吃得苦中苦，方为人上人"。似乎必须要追求比别人更高的地位，赚比别人更多的钱，才能获得快乐，而为了这种所谓的"快乐"，吃苦受累都是值得的。

但是你有没有想过，这个说法是否本身就是错的呢？我们为什么一定要做"人上人"才能快乐幸福呢？这是不是外界社会强加给我们的想法呢？

对于以上问题，本书作者爱德华·L.德西（Edward L. Deci）早已在书中给出了自己的答案：

只是追求那些外界强加给他的价值和目标的人是不自由的，因为他丧失了内在动机和真正的自主，也无法获得真正持久的幸福。

那么什么是内在动机和真正的自主呢？

爱德华·L.德西是社会心理学界知名的学者，他和合作者理查德·瑞安（Richard Ryan）共同提出的自我决定论（self-determination theory），推翻了长久以来人们对于奖励是激励行为的最佳方式的信念，因此在心理学领域影响很大，而该理论最核心的概念之一就是内在动机（intrinsic motivation）。

1969年，德西在还是一名心理学博士生时，就开始痴迷于一个问题：小孩子在刚出生的几年内，往往对外界有着极其强烈的好奇心，他们像海绵一样不停地吸收着一切新的知识，渴望探索和学习。可是为什么到了学校，那么多的孩子都逐渐丧失了学习的动力？

当时的主流思想是受行为主义主导的，即认为人的行为是被动的，要么追求奖励，要么避免惩罚，而行为动机的缺乏就是因为缺少奖励，因此老师和家长应该用奖励的方式激励孩子学习。不过，对于小孩子天生的好奇心的观察，让德西对受行为主义主导的信念产生了怀疑，也许人们长期以来的思考方式就错了：不应该问"我们要如何激励他人"，而应该问"如何做才能让人们激励自己"。

这种让人主动激励自己的东西就是内在动机，即人们为自己而做某件事，为了行为本身固有的回报而做某件事。

就像20世纪最有影响力的美国艺术教师罗伯特·亨利（Robert Henri）所说："画一幅画的目的不是为了画画——不管这听起来多么不合理。如果画出来了，画作本身只是一件副产品，可能只是"过去"的一个有用的、有价值的、有趣的标志。每一件真正的艺术作品背后的目标，都是获得一种存在的状态、一种亢奋的状态、一个超越寻常的存在时刻。"

当然，作为有数学背景的心理学家，德西对于内在动机的研究和探索没有停留在概念与哲学思辨的层面，而是运用科学实证的研究方法来验证自己的观点。

在1971年发表的研究报告中，德西让两组被试在三个不同的环节中玩一种叫作索玛（Soma）的拼图游戏。在第二个环节中，每成功拼出一个图案，其中一个小组的被试就会得到报酬，另一个小组则没有。在第三个环节中，两组被试都不会得到报酬，而令人意外的发现就出现在这个环节。当德西宣布任务时间到了，让两组被试各自单独在房间里待一会儿时，在第二个环节中已经获得报酬的被试往往会去看杂志，而从未获得报酬的被试更愿意继续解决拼图问题。

由此，德西得出结论，那些被提供报酬的人不再有主动解决问题的动力——外部奖励反而会损害内在动机。不仅是奖励，其他研究者还发现，最后期限、强加的目标、外在的监督和评价都可能会破坏内在动机，这与人们常用的激励策略恰恰相反。

德西的研究在当时引起了很多争议和讨论，当然也让他在1977年遇到了后来的合作者，他最好的朋友理查德·瑞安。瑞安具有哲学和精神分析的背景，与德西在数学和实验心理学方面的背景形成了完美的互补。在人类自主性和动机方面的共同兴趣让两人一拍即合，很快开始了合作研究，两人紧密的合作关系持续几十年，并延续至今。

德西和瑞安最初的研究聚焦于什么样的环境和条件会激发或者损害人们的内在动机。通过研究，他们发现每个人都有3种最基本的心理需求：自主（autonomy）、胜任（competence）和联结（relatedness）。满足这些需求，特别是自主的需求，才能持续激发人们的内在动机，让人们全心全意地投入某件事情，同时拥有最好的体验和表现。

在基本心理需求理论的基础上，德西和瑞安逐步建立了涵盖内容更广的自我决定论，其影响力和应用范围越来越广，比如在教育过程中如何促进孩子自主学习、遵守规则，在亲密关系中伴侣之间如何互相支持对方的自主性，在企业管理领域如何激发员工的创造力，在个人管理方面如何坚持健康的行为、进行自我改变，等等。

在德西写作本书的时代，美国社会盛行物质主义，人们对消费有着狂热的追求，他们相信，只要努力工作，就会得到他们日思夜想的休闲和奢侈。然而很多人并没有实现所谓的"美国梦"，反而出现了心理健康问题。

当然这一问题在当今美国社会仍然存在，而且在逐渐富裕起来的中国社会也变得越来越常见。看上去生活富足、家庭事业美满的中年人，却压力重重，在焦虑、抑郁中挣扎；学习成绩优异的名校学生，却找不到人生的意义感，在茫然困惑中迷失。类似的故事已屡见不鲜。

德西在书中对这些问题也进行了深入的反思和分析。也许很多人认为，努力追求财富、名誉、地位和美貌这些目标，就是一种只要"按正确的方式"做事就能成功的自由。但德西警告我们，这正是社会在限制我们真正的自主，也就是说，社会环境在向我们灌输某种价值观和规则。

德西指出，当今社会对物质积累的高度重视，使得人们特别容易受到有条件的经济回报和有条件的爱的控制。现代社会为人们追求期望的结果提供了极大的自主，但矛盾的是，人们的心理自主往往最终受到追求这些结果的限制。

那么什么才是真正的自主呢？

德西认为，真正的自主意味着人们的行为来自自己的真正选择，意味着人们在行动中被真正的自我所掌控。

德西的观点，也是我想说的：希望每一个人都能实现心灵的自由，幸福最终来自心灵的解放。

彭凯平
清华大学社会科学学院院长

推荐序二 | Why We Do What We Do
Understanding Self - Motivation

奖赏会伤人[一]

你是否曾想过这样的问题：如果说动机是人类行为的食物，驱动着人类去做事，那么这些食物分成哪些种类，偏食会带来什么恶果，如何将偏食损失最小化，又如何发现更好的食物来源呢？

工作与学习

当你还是孩子时，你会观察到成年人在工作。穿上工作服，成年人似乎变成了另一类人，就像在玩"假装游戏"。每天早上，在穿衣镜前，成年人将快乐的私人自我脱下来，收拾妥当，叠放在衣架上，然后套上严肃的工作自我出门上班。成年人谈起工作，总是一副精疲力竭的样子：

"你不懂，工作哪有不累的。"

"那么，为什么还要工作？"

[一] 本文节选自阳志平《人生模式》第5章，经授权，特作为本书推荐序。

"还不是为了挣钱！"

在成年人眼里，哪有不累的工作。工作首先是解决温饱问题，其次才是个人发展。只有极少数时间属于快乐。那些奖励，如各类奖金与福利，足以让成年人高兴一阵子。

是啊，工作哪有不累的。孩子带着疑问，背着书包上学。奇怪的是，你在学校也会观察到同样的模式：学习哪有不累的。学习首先是解决进一步受教育的问题，比如考上大学，其次才是个人成长。只有极少数时间属于兴趣。成年人将自己世界中的模式，理所当然地迁移到孩子的世界中来："只有写完家庭作业，才可以玩游戏、看电视或课外书。"孩子喜欢的娱乐，就像成年人的领导给他们的奖金，是奖赏。

就像是一场交易，你付出社会认可的辛劳，奖赏随之而来。反之，则是惩罚。人类社会日趋温和，战争与暴力日益减少，惩罚日渐隐蔽。渐渐地，社会已经习惯用表扬、声望、金钱、奖品与排行榜等各种奖赏来与你交易。人们相信付出这些，就会得到期待的结果，如听话的下属或孩子。

你已默认这种交易是正常的吗？工作与学习必须很辛苦，必须用奖赏来刺激吗？人类真的是斯金纳箱中的小白鼠，给予反复正强化的奖赏，期待的结果就会自然而来？

德西等人的实验

在挑战陈腐观念时，心理学史上总是少不了一位初出茅庐的心理学家。这一次，登上历史舞台的是爱德华·L.德西。1970年德西从诺贝尔奖得主赫伯特·西蒙（Herbert A. Simon）所在的卡内基 – 梅隆大学获得心理学博士学位。德西相信好奇心、兴趣的重要性超乎人们的想象。他是美国心理学家罗伯特·怀特（Robert W. White）的粉丝。怀特是在学术史上第一个质疑奖励的人，在他1959年的经典论文中，怀特令人信服地论证道："在发展能力中，比起只通过满足基本生理需求进行奖励，任何动物都会更多地受到好奇心和兴趣的驱使。"

裸猿当然也不例外。

与怀特不同，在心理学史上德西第一次通过设计实验来证明奖赏会伤人。在实验中，德西让实验参与者玩一个趣味智力游戏——索玛。这是类似于俄罗斯方块的嵌套游戏，玩家需要将7个索玛方块拼成图纸上的指定图案。

德西在1971年发表的论文中将玩家分成A、B两组，他们都使用同样的图纸。他让两组玩家分别玩3天。在每天的实验中玩家会拼4个图案。在玩到第2个图案时，他会对玩家说："现在我需要录入数据，不得不暂时离开实验室几分钟，你们可以继续玩，也可以看看杂志。"实验室中摆放的杂志有《时代》《纽约客》和《花花公子》等。

当然，德西没有离开实验室，而是在实验室镜子后秘密观察两组玩家。镜子是单面镜，德西能看到玩家，玩家看不到他。德西秘密观察玩家在等待期间会继续玩索玛游戏多久，还是会立即去看杂志。A、B两组都这么处理，唯一区别是德西会在第2天奖励A组1美元。

两组玩家的经历如表0-1所示：

表 0-1　实验分组方式

	第 1 天	第 2 天	第 3 天
A 组	不奖励	奖励	不奖励
B 组	不奖励	不奖励	不奖励

当德西离开实验室之后，第 1 天，A 组与 B 组差异不大，两组玩家都继续玩了三五分钟；第 2 天，与大家猜想的一样，拿到奖励的 A 组玩得更久，他们玩了超过 5 分钟！然而，第 3 天发生大逆转。与第 2 天相比较，之前拿到奖励的 A 组只玩了较少时间，相反，一直没拿到奖励的 B 组反而玩了更长时间。

在心理学史上，德西第一次成功通过实验证明金钱等外部奖励对人动机的伤害。与此同时，另一位初出茅庐的心理学家——耶鲁大学的马克·莱珀（Mark Lepper）于 1973 年登上历史舞台。他的实验对象年龄更小一些，在他设计的游戏中，道具是彩色马克笔（felt-tip markers）。在莱珀的研究中，参与游戏的孩子被分为三组：

- 期望有奖励组（expected award）：这一组的孩子被告知，如果他们按要求画画，就能得到奖励（一张特别的卡片）；
- 无奖励组（no award）：这一组的孩子不做任何处理，没有奖励；
- 不期望有奖励组（unexpected award）：这一组的孩子事先并不知道会获得奖励，结果获得意外之喜。

几天后，研究者把孩子重新带到实验室，给他们大量好玩的玩具，包括他们前几天玩过的绘画游戏。这一次，不给任何孩子奖励。结果发现，期望有奖励的孩子对绘画游戏的兴趣远低于不期望有奖励的孩子，如图 0-1 所示：

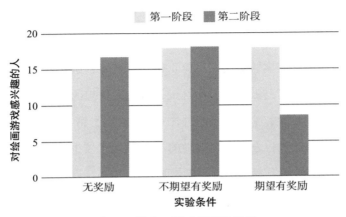

图 0-1　马克·莱珀的实验结果

并不仅仅是在益智游戏与绘画中，也不仅仅是类似金钱与玩具这样的实在奖励，有时候不过是名声或称赞等内在观念诱惑带来了伤害。

时间来到 1985 年，这一次，文艺青年登上历史舞台。在西方，从文艺青年变身为专业作家，离不开各个大学开设的创意写作培训班。实验对象来自布兰迪斯大学与波士顿大学创意写作培训班中的 72 位文艺青年。特蕾莎·阿马比尔（Teresa M. Amabile）将他们分为三组：

- A 组：出于内部原因写作；
- B 组：出于外部原因写作；
- C 组：不做任何处理。

A 组文艺青年听到和相信的是这样的写作诱因：

- 我从阅读自己写过的作品中得到极大乐趣；
- 我喜欢自由表达；
- 通过写作，我能获得新的洞见；
- 我非常满意自己写作的清晰与雄辩；
- 在写作时，我很放松；
- 我喜欢玩文字游戏；
- 我喜欢和写作时的创意、文字、事件、图像打交道。

B组文艺青年听到和相信的是这样的写作诱因：

- 我意识到，每年都诞生几十本杂志，自由作家市场正在不断扩大；
- 我想让写作老师对我的写作潜能留下深刻印象；
- 我听说某畅销小说或诗集得到了财政支持；
- 我会因为作品而受到公众的关注；
- 我知道最好的工作岗位都要求具备良好的写作能力；
- 我知道写作能力是被研究生院接收的主要标准之一；
- 我的老师和家长都鼓励我进入写作行业。

所有学生都被要求写一首诗，独立评审员会根据诗中的创造性为其评分。你猜，分数最低的是哪一组？如果你是文艺青年，你属于哪一组？

不仅仅是实验室研究发现奖赏会伤人，来自真实生活的调研也证明了这一点。在学校里，受外部动机驱使的学生成绩往往比受内部动机驱使的学生差，尽管差异并不是很大。多数时候，你想两者兼具，然而，研究建议你追逐内心兴趣。心理学家埃米·瑞斯尼斯基（Amy Wrzesniewski）和巴里·施瓦茨（Barry Schwartz）等人 2014 年发表在名刊 *PNAS* 上的论文是在 1997～2006 年对 11 320 名西点军校学员进行跟踪调查后完成的，他们发现强内在动机组学员比其他学员从西点军校顺利毕业的概率平均高 20%；与内在动机组学员相比，混合动机组学员的毕业概率低 10%。同样，科研人员在企业调查中也得出大量类似结论。约翰·代考波（John Deckop）等人在 2000 年的研究表明，绩效工资制度会降低员工的自主性与内在动机。

两段历史公案

在 20 世纪 90 年代，类似的实验证据的积累达到新的高峰。"奖赏的惩罚"这一概念与多数假装在努力学习或工作的人们的常识不符。恰逢 20 世纪七八十年代，不自信被看作人生所有问题的罪魁祸首，如在婚姻适应不良、猥亵儿童与暴力犯罪等问题上。欧美掀起了一场"提升自信运动"。在操场上，一大群人相互狂热地喊道："你真是太棒了，你干得太出色了！"因此，"奖赏的惩罚"支持派与反对派在 20 世纪 90 年代，分别在《哈佛商业评论》与心理学术期刊上激烈对撞，形成两段历史公案。

首先是美国著名作家、育儿专家艾尔菲·科恩（Alfie Kohn）在 1993 年出版《奖赏的惩罚》（*Punished by Rewards*），然后在《哈佛商业评论》1993 年 9～10 月合集上发表《为什么奖励计划难以发挥作用》（Why Incentive Plans Cannot Work），指出奖赏在企业失灵的表现与原因。科恩的文章引起组织行为学家、咨询公司管理者的热烈讨论，次月起，他们分别发表文章驳斥科恩。你是相信以兜售企业员工奖励方案为主要业务的管理咨询公司还是科恩？

其次是 1994 年发生在心理学界内部的纷争。当时，德西已成为业界权威，却面临人生第一次理论上的大挑战。青年心理学家卡梅隆（J. Cameron）在博士论文中使用元分析研究技术，综述了 100 多项实验研究成果，得出的结论是：大多数奖励无害，奖励促进创造性。她试图反驳德西、莱珀、阿马比尔等人的研究结论。

德西等人能经得住考验吗？在这场卷入多位著名心理学家、持续六年多的学术争论中，结局是德西等人完胜。在指出卡梅隆与其导师的各类研究错误（比如挑选对自己有利的研究报告、忽略不利的研究报告、对奖励厘定不清）之后，德西等人在 1999 年，通过一份非常完善、堪称元分析典范之作的研究报告，彻底捍卫了声誉，从此一锤定音。德西等人在这份研究报告中，对过去 30 年 128 项实验研究进行了审慎调查，得出的结论是：外部奖励削弱内在动机。这场争论使得自我决定论在动机心理学中，令人信服地领先于其他研究模型。

保罗·格雷厄姆（Paul Graham）在《如何才能去做喜欢的事情》（How to Do What You Love）一文中写道："最危险的谎言来自孩子的父母。如果某人选择无聊的工作是为了让全家人生活得好一点（很多人也真的是这么做的），那么他的孩子很可能受其影响，也认为工作挺无聊的。如果父母能为自己多考虑考虑，教出来的孩子反而会好一些。热爱工作的父母对子女的影响是昂贵的房子无法带来的。"

就像在玩一个天平游戏，你以为满足基本温饱再去追求兴趣，成功会自然而来，却不知道你一天只有 24 个小时玩这个天平游戏。你以为虽然得不到爱，但能赚很多钱，这样自然就会有爱。于是钱成了爱的替代品。然而，当你用钱寻欢作乐时，你会发现，你已经买不起"爱"了。同样，一旦你习惯用外在奖赏而非兴趣、好奇心奖励自己，久而久之，你就会发现，你已经买不起兴趣和好奇心了。

阳志平

安人心智集团董事长，"心智工具箱"公众号作者

Why We Do What We Do
Understanding Self - Motivation

|目录|

推荐序一　幸福来自真正的自主
推荐序二　奖赏会伤人

001　第 1 章　"但他是老板"：权威和不满

自主与控制　// 002
自我的真实性与疏离　// 005
关系中的不平等　// 008
自我激励与内在动机　// 010
基于科学方法的动机研究　// 012

第一部分　自主和胜任的重要性

016　第 2 章　我只是为了钱：关于奖赏和疏离的早期实验

内在动机与索玛拼图实验　// 018
奖赏会伤人　// 027

031　第3章　我能决定自己的选择：个人自主的需要

自主：激发内在动机的第一个心理需要　// 031
不听医生话的姑妈　// 036
奖赏背后的意图　// 038
让支持自主与设定规则共存　// 044

046　第4章　追求体验还是结果：内在动机与外部控制

内在动机的益处　// 048
外部控制的风险　// 054
反思绩效工资制度　// 057

060　第5章　我能做到：带着胜任感面对人生挑战

明确行为与期望之间的联系　// 061
有效的条件性奖励　// 063
胜任：激发内在动机的第二个心理需要　// 066
非控制性的赞美　// 069
真正的幸福来自对胜任与自主的共同追求　// 072
用支持自主的方式提出批评　// 074

第二部分　人际联结的作用

078　第6章　走向自我的一致与和谐：发展的内在力量

人类发展的本质　// 080

内在动机与社会环境的互动　// 083
一个厌食症案例　// 086
感知到的胜任与自主　// 088
联结：激发内在动机的第三个心理需要　// 090

093　第7章　自主地承担重要但无趣的事：当社会召唤时

社会价值观内化的两种类型：内摄与整合　// 094
模范学生　// 099
健康的内化需要社会支持　// 100
支持自主以促进社会价值观的整合　// 102
真正的自主要对他人负责　// 106
支持自主不等于纵容　// 107
设定界限不等于苛责　// 111

113　第8章　关于"应该、必须、不得不"的信念：社会中的自我

内摄形成的虚假自我　// 115
自我卷入：有条件的自我价值过程　// 119
真正的自尊与有条件的自尊　// 122
亲密关系中的自主：一条双行道　// 124

130　第9章　"美国梦"的代价：当社会问题恶化时

6种人生愿望　// 133
养育方式与人生愿望导向的建立　// 137

物质主义价值观的巨大代价　// 138

个人主义不等于自主　// 140

第三部分　如何实现自主

146　**第 10 章　从他人的角度出发：如何促进自主**

决定做什么和怎么做　// 149

设定支持自主的界限　// 154

确立目标和评估绩效　// 157

给予奖励和认可　// 160

识别障碍　// 162

165　**第 11 章　从探索动机开始：促进健康的行为**

改变的理由　// 167

不遵守医嘱　// 172

支持患者的自主　// 174

生物 - 心理 - 社会方法　// 176

责任和支持自主　// 179

学习支持他人自主　// 181

183　**第 12 章　摆脱束缚，接纳自我：在控制中做到自主**

找到特定的支持　// 185

个人和他们的社会环境　// 186

动机的个体差异　// 189

促进自身的发展 // 190
管理自身的体验 // 193
调节情绪 // 194
管理行为 // 196
技巧的运用 // 200
接纳自己 // 202

第四部分　结语

206　第 13 章　追求自主的意义

内心的自由 // 208
选择与责任 // 212

217　致谢

218　参考书目

222　参考文献

第1章

"但他是老板"

权威和不满

面对生活中的诸多压力，许多人已经被逼到了做事不负责任的地步。别人对他们感到不满，疏远他们，并且以各种各样的方式将这种不满和疏远表现出来。于是，家暴和街头暴力成为家常便饭。在校园里，学生的情绪宣泄越发激烈。在市场中，内幕交易和价格操纵似乎成为常态。在生活中，肥胖和厌食症几乎成为流行病；同时，人们面临沉重的债务。

毋庸置疑，不负责任的人不但自己付出了高昂的代价，也让他们身边最亲近的人承受了巨大代价。父母不负责任，将使他们的孩子付出代价；经理、医生以及老师不负责任，造成的后果则由他们的员工、患者和学生埋单。无法有效地应对生活中各种压力的人，将给他人的生活增加压力。

今天，许多人已经受够了这些，他们感到这个世界正在失控，无法忍受。他们想控制这些压力，实现自我约束，让身边的人表现得更好。他们与那些呼吁人们承担更大责任的作家和政治家产生了共鸣，后者从道德的视角来看待上述问题，呼吁是时候强化控制了。

控制是个简单的答案。它基于这样一个前提：给予奖赏或者威胁施加惩罚，将使得犯错的人服从。这听起来很严厉，所以，对那些认为问题已经出现，自己却既没有时间也没有精力思考，更别说采取措施解决的人来说，这个前提让他们感到安心一些。

然而，尽管人们呼吁加强控制，但越来越明显的是，单靠这种方法不管用。试图施加更严格约束的努力很大程度上是无效的，同时，广泛依靠奖励和惩罚来激励人们承担责任的做法，也产生不了期望的效果。实际上，大量证据表明，这些建立在刚性权威原则基础之上的所谓解决方案，不但没能减轻问题，反而使之日趋恶化。

替代的解决方法并不是一开始就指责与控制，而是首先探究人们起初为什么会不负责任，也就是说，为什么他们暴力相向，以不健康的方式行事，深陷绝望的债务泥潭，或者为了积累财富而疏于照顾孩子。这种解决方法从不负责任者的视角观察，着重关注他们不负责任的行为背后的动机，并且解释影响那些动机的社会力量。然后，它探讨了让人们做事更负责任的因素。

自主与控制

这本书阐述人类动机，围绕着某一行为是自主的还是被控制的这一重要区别来组织其内容。从词源上讲，自主（autonomy）一词源于自我管理（self-governing）。实现自主，意味着根据自己的意愿行事，也就是说，凭自己的意志做事，并感到自由。自主行事时，人们完全愿意做他们所做的事情，并且带着兴趣和决心沉浸在做事的过程中，其行为源于他们真正的自我感觉，所以，他们是真实的。相反，受到控制（controlling）意味着人们在压力之下行事。假如人们受到控制，在行动时便没有一种获得个人认可的感觉。他们的行为并未表达自我，因为自我已经屈服于他人的控制。在这种情况下，我们可以合理地将人们的状态描述为疏离（alienated）。

与控制及疏离相对，自主及真实（authenticity）的问题涉及生活中的方方面面。有时候，它们的表现形式相当激烈，带着明显的社会意义，另一些时候，它们只对个人产生后果，因而不易察觉。

假如某位男性认为价格操纵是错误的，从而顶住压力，决不屈服于价格操纵，那么，他就是在自主行动、真实生活。但如果他屈服于压力，在操纵价格的过程中给数千人带来了严重伤害，使得国家形象受损，那么，他就是被控制的、不真实的。假如某位女性完全出于自己的意愿而在学校董事会任职，因为她相信这份职责是有意义的，那么，她就是自主的、真实的。但是，假如她在学校董事会任职只是为了在他人面前保持良好的形象，而实际上自己内心根本不想这么做，那么，她也是被控制的、不真实的。

在某种程度上，非自主的行为就是被控制的行为，它有两个类别。第一个类别是顺从（compliance），即顺从掌权者希望实施的解决方案。顺从意味着做别人要你做的事情，因为别人已经告诉过你要做这件事。我记得多年前，电视台开始出现这样一种做法：在总统发表演讲后，马上播放反对的参议员或众议员的不同意见。我的一位朋友评价道："我认为，他们这么做是不对的。"

"你说的是什么意思？"我问道，"不同的意见值得听取嘛。"

我朋友抗议道："但他是总统。"

尽管这种对总统的崇敬在今天看来近乎古板，但这条评论是顺从态度的缩影。著名作家查尔斯·雷奇（Charles Reich）谈到过"无名的权威"（nameless authority）。这是一种在我朋友的意识中根深蒂固的权威，使得他顺从地思考和行事。

第二个类别是反抗（defiance），这意味着仅仅因为人们期望你怎么做，你就一定要悖逆这种期望来行事。顺从和反抗存在于一种不稳定的关系中，代表着对控制的互补反应。哪怕在某一个体之中，也总是有一种倾向占据主导地位，不是顺从，就是反抗。这样一来，我们发现有些人非常顺从，似乎总是按照局势的要求来行事，而另一些人似乎藐视权威的所有要求和指示。但是，即使是在某一种对控制的反应占主导地位的人们身上，也依然存在着另一种倾向，并且这种倾向可能以微妙的方式显现出来。例如，一个表面上服从老板所有要求的下属，可能会暗中搞破坏，以报复老板。

反抗是人们不服从控制的倾向的外在表现，它与顺从不稳定地共存，而顺从则是人们服从倾向的表现。我们这个时代的权力主义者依赖于控制，他们从自己控制的那些人身上既感受了些许反抗，同时也收获了他们期望的顺从。但是，更糟糕的是，顺从本身的代价极其高昂，但人们在很大程度上没有意识到这一点。本书详细描述了这种代价，也就是深深的疏离，它产生了各种不良的后果。

自我的真实性与疏离

只有自主的行为能带来真实性,因为它意味着行为人要成为自身行为的创造者,也就是说,按照一个人真实的内在自我行事。理解自主、真实性和自我的关键是被称为整合(integration)的心理过程。一个人心理的各个方面,与他内在的核心自我相整合或者相一致的程度是不同的。只有当引发和调节某一行为的过程与自我相整合时,该行为才会是自主的,这个人才是真实的。在这个意义上,真实就是与真实的自我一致。

我们将自我理解为一个整合的中心,人们据此可以自由地按照自己的意志采取行动,(隐喻地讲)此概念一个明显而重要的内涵是,某一行为的原因,有可能出自个人本身,但不存在于自我。没有人会说精神病行为是真实的或由自我决定的。它们由一个人的精神构成的某些方面引起,但并非来自我们所称的自我。例如,连环杀手"山姆之子"(Son of Sam)声称听到一些声音,那些声音让他去杀人。很明显,这些声音来自他自己,但并不代表他的自我。

不易觉察,但也许更重要的是,在日常生活中,人们已经内化了来自社会的严格控制,并且顺从地回应自己内心的那些力量。这种行为缺乏自由和灵活的特性,而这两者,恰好是自主与真实的特性。想一想,某个人去教堂做礼拜,不是因为他想去,而是因为他认为自己应该去。当他的行为带有"不得不做"而不是"选择去做"的体验时,就既不自主,也不真实。

这里还有一些人们反抗内心压力的例子。假设有一位年轻女性,她的父母要求她当一名医生,她将父母的要求内化于心,然后强迫自己在大学里学习医学预科课程。结果，由于她没有把心思放在医学课程上，所以成绩不好。最后，她反抗这种压力，彻底退学。尽管她还喜欢学习别的科目，但终究是退学了，因为她不愿意再屈服于内心的控制。她的反抗行为，同样既不自主，也不真实。

由于整合是自我的一个重要方面，所以，个体的行为很可能是由自我以外的因素所发起和调节的。要理解自主与控制，以及人们每天观察到的反抗、顺从和"自我放纵"，就必须考虑这些外来因素。此外，我们还必须了解疏离和不真实的其他各种表现形式，例如，虐待配偶的行为和受虐妻子综合征等。

当人们理解了自我是一个整合的心理核心，在其指引下，个体按照真实的意志来真实行事，人们就容易理解为什么博学的社会评论家克里斯托弗·拉什（Christopher Lasch）和艾伦·布鲁姆（Allan Bloom）等人的著作会使得读者产生如此多的困惑。他们声明，真实性催生不负责任的行为。对他们来讲，自我（按照真实原则行事的"行为主体"）在本质上等同于个体，所以，对某个人的任何方面的关注，他们都称之为对自我的专注。

例如，拉什描述，美国文化具有一种对自我的自恋型专注。他说的这种文化中对自恋的专注可能是正确的，但这不是对自我的专注。相反，自恋与拼命地寻求他人的肯定有关。它需要一种向外的关注（关注其他人在想什么），这种关注会让人们远离真实的自我。对自恋的专注并不是由于人们与自我的一致，而是源于他们已经失去了与自我的联系。在控制型的社会里，人们采用自恋的价值观，因为他们没有发展整合的和健康的自我所需的心理滋养。自恋不是真实性或自我决定的结果，而是它们的对立面。

在许多心理学家和社会批评家对自我的讨论中，还有一种困惑贯穿其中。它涉及自由、自主与独立或孤独的关系。这种困惑在布鲁姆对真实的描述中显而易见，即人们关心的是自己而不是他人；历史学家洛伦·巴里茨（Loren Baritz）的评论指出，当人们自由时，他们完全是孤独的，缺乏情感上的温暖。这些观点来自这样一种误解：当人们与他们自己有了更充分的接触时，当他们在工作中变得更自由时，当他们摆脱了社会的控制时，他们会选择孤立而不是联系。但没有证据证明这一点。恰恰相反，随着人们变得更加真实，随着他们进一步提升自我调节能力，他们也就能与他人建立更深的联系。

应当明确的是，仅凭对外部行为的观察，无法理解真实性，我们必须注意它们背后的动机。在20世纪60年代为人权而游行的人中，一些人是真实的，其他人则不是。在20世纪90年代在健身俱乐部锻炼的人中，一些人是真实的，其他人则不是。只有考虑到人们的行为（比如去教堂、做家庭作业、节食、生孩子，或者偷面包等）背后的动机，并且核实其自主的程度，我们才能解决真实性的问题，并最终解决责任问题。

25年来，我一直在探索自主、真实、自由和真正自我的概念，并将这种探索锚定在动机的概念中。这些探索的成果将在本书中进行阐述，主要由我与理查德·瑞安合作完成。这些成果本身在其他地方以科学的形式呈现，但在这本书中，我用它们来解决社会中与自我相关的根本问题。

瑞安和我并不是唯一关心自主和真实等问题的心理学家。例如，精神分析学家和作家唐纳德·温尼科特（Donald Winnicott）和爱丽丝·米勒（Alice Miller）也提出了强调真正自我概念的理论，但他们的研究在这样一种传统中进行：依赖治疗案例的材料为理论发展提供实质内容；而我们的研究是在所谓的实证研究传统中进行的，该传统应用统计原理处理通过科学方法收集的数据。

在使用实证方法时，我们采用了适合人们日常生活的概念，比如，当他们去上班或上学时，当他们抚养孩子和处理家庭生活的需求时，当他们面临挑战和制定政策时。因此，从自主行为的角度将真实性概念化，真实性就成了发挥人类功能的一种特定品质，而不仅仅是一个抽象的哲学概念。这使得它从理性思考的领域进入了心理学研究的领域。真实性还为人们提供了一种工具，让他们反思自己在多大程度上是真实的。同样，疏离的概念在哲学上是指从自我中分离出来，我们也可以从有压力的和受控制的行为的角度对其进行具体的研究和解释。我们所做的数十项心理调查，为这些概念赋予了现实意义。

关系中的不平等

我们所有人都会发现自己处在各种不同的关系中，这些关系在地位、权力或控制方面存在差异，具有一种可能被称为"一上／一下"的结构，即一方处在优势地位，另一方处在劣势地位。这些关系包括父母和孩子、经理和员工、老师和学生、医生和患者之间的关系。在这些关系中，其中的一方（父母、经理、老师或医生）可以被理解为社会代理人。因此，这些人有一项职责：激发他人的动机，鼓励他人承担责任。从某种意义上说，社会代理人的角色使人们成为社会的化身，并且赋予人们传递社会价值观和道德观的任务。因此，这些关系在本书中提出的自主和控制以及真实和疏离的概念中发挥了核心作用。

大多数成年人，如父母、社区组织者、教练、工作组负责人或者医生等，都负责向别人提建议、提要求。但有的时候，他们也接受别人的建议和要求。即使是产值高达上亿美元的公司的CEO，也得时常听从他们的医生或配偶的命令，同时还要听从父母的训诫。人们永远不会停止在各种力量中寻找他们自己的声音和方向，这些力量在他们扮演的各种角色中都发挥着作用，而对于他们扮演的这些角色，别人是他们的权威，他们自己则处在劣势地位。

即使是在亲密关系以及表面上平等的其他关系中，也充满了自主和控制的问题。然而，在这些关系中，存在着一种令人生畏的复杂性，每一方不但要努力实现自主，而且要支持另一方的自主。我们需要在感到自由和支持他人自由之间谋求一种微妙的平衡，而且这一动态的平衡，表明了人类的自主问题是如何通过人与人之间的所有联系交织在一起的。

为了变得更加自主和真实，人们必须认真对待他们的这种"一上／一下"的关系。在某种意义上，他们必须超越这种关系。对这些关系的研究，尤其具有指导意义，因为这强调了处于优势地位的人们（他们在创造所谓受其权威影响的人的社会环境方面起着关键作用）如何影响处于劣势地位的人的动机。此外，对这些关系的研究，还揭示了处于劣势地位的人在努力维持和培育他们的生命活力时的策略与需求。我们容易找到感觉自己像"奴隶"的员工，但难以找到那种积极主动、在某种意义上掌握自身命运的员工。并不是所有的经理都会帮助这些感到自己像是"奴隶"而不是"主人"的员工。此外，我们容易找到那些感觉自己是"船员"的孩子，但难以找到那些感觉自己是"船长"的孩子。并不是所有的父母和老师都会帮助这些感觉自己是"船员"而不是"船长"的孩子。这些问题与培育处于劣势地位的人们的积极性有关，也与更广泛地促进人们在社会中的自主和责任有关。

自我激励与内在动机

大多数人似乎认为，最有效的激励来自外部，是某个善于鼓舞他人的人对另一个人做的事情。这方面的原型数不胜数。想象一个例子，在更衣室的演讲中，教练凭借他那充满天赋的"三寸不烂之舌"，让纵容与敦促并举，羞辱和劝诫同行，最终将懦夫变成冠军。或者，再想一想在整齐有序的教室里，充满关爱的老师通过巧妙的奖惩手段，把一个个调皮的"小淘气"变成听话的学习者。

不过，瑞安和我进行的所有研究表明，内在动机而非外在动机，才是创造、责任、健康行为以及持久改变的核心所在。外部的各种巧妙激励或者施加的压力（以及内部的压力）有时的确能使人顺从，但这种顺从将带来各种负面后果，包括滋生反抗的冲动。由于顺从与反抗都不能代表自主与真实，因此，我们必须不断面对一个极为重要而看似矛盾的问题：如果说引起最负责任的行为的最强大动机必定来自人们的内心，如果说这种动机必定扎根于处在劣势地位的人们（比如患者或学生）的自我深处，那么，处在优势地位的人们（比如医生或老师）又怎么能够激励他们呢？

事实上，这个重要问题的答案，只有在再度清晰阐述问题时才能显现出来。正确的问题不是"人们如何激励他人"，而是"人们怎样才能创造条件让他人激励他们自己"。当我们如此清晰地阐述这个问题时，我们的研究也将反复确认，处在优势地位的人们的价值取向和实际行动发挥着重要的作用，它们决定着那些被监督、教育或者照顾的人是否会有效自我激励，而且，事实上它们还决定着后者是否会增强自己的自主与真实。这本书阐述了这些社会力量如何影响动机和发展。

人们终其一生都在纠结自己是否在做自己的选择，即他们的行为究竟是自主的还是受外部因素或自身某种强大力量控制的。选择是自我决定和真实的关键，而一个人是否真的选择做某件事，对于大多数民事和刑事审判都至关重要。患者是否真的对某个医疗程序知情并且同意，涉及数百万美元的费用。对某个人究竟是该判死刑还是该由精神病院监禁起来，可能取决于陪审团认定其到底是选择扣动扳机，还是受所谓"暂时精神错乱"的内心冲动所迫。

对社会来讲，这个问题涉及人们是否应当为自己的行为负责的实际情况和心理状况。当然，有的律师已经注意到这一点，并且努力以这样或那样的方式着力推动平衡。在最极端的现代发展趋势中，刑事司法体系已将"防卫过当"（imperfect self-defense）的概念玩弄于股掌之间。例如，虽然劳瑞娜·波比特（Lorena Bobbitt）和梅内德斯兄弟（Menendez brothers）不否认他们做出的可怕事情，但声称他们的这些行为并非出于自己的意志，而是受到个人环境的驱使，在那种极度痛苦的环境下，他们看不到别的选择，他们即使没有立即受到他人的攻击，也会以自卫的方式主动攻击他人。有人认为，他们之所以犯下暴力罪行，是因为他们相信他们必须这么做。

当从文化或人际关系的层面考虑自主与真实的问题时，它们可能是复杂而迷人的，但如果仅从个人的角度来看，就会变得更加丰富和令人兴奋。在某种程度上，主从关系存在于每个人的内心。人们可以用自主和真实的方式来规范自己，也可以用控制和独裁的方式对自己施加压力和批评自己。到底采用何种方式，取决于主从矛盾的解决程度。

许多人发现这个概念很容易理解，比如，上瘾者已沦为瘾性的奴隶，或者，强迫症患者已经成为他自己的冲动的奴隶，但这种主从关系的机制与其他许多行为同样相关。这种机制始于家庭、学校和其他地方的人际交往过程，并且以更加健康或更加不健康的方式被人们所接受。理解这些过程（心理内部过程和人际关系过程），可以颇有意义地回答一些重要问题。这样的理解有助于人们坚持戒烟，培养人们对学习不倦的兴趣，并且让人们在体育运动中表现出色。同时，这样的理解对于在充满诱惑性和强迫性的现代文化中定位和锚定一个人的真实自我至关重要。

基于科学方法的动机研究

这本书的目的很简单：利用全面的动机研究来探究自主和责任

之间的关系，并且反思如何在疏离的世界中促使人们负起责任。这本书充满了希望，因为它告诉我们可以为自己做什么，又可以为我们的孩子、员工、患者、学生和运动员做什么，实际上也就是说，可以为我们的社会做什么。它提供的指导原则不是灵丹妙药，也不容易做到，但与我们每个人的自我管理有关，适用于老师、经理、父母、医生和教练等角色。事实上，对于决策岗位上的每个人，这些指导原则都是相关的和重要的。它们从了解人们的动机（也就是他们自主的程度）开始，并帮助人们运用这种理解来更加有效地管理自己，以不同方式与他人联系，制定更有意义的社会政策。

就像拉什、布鲁姆、巴里茨和其他人的研究成果一样，这本书谴责很多事物的状态：阴险的广告勾住了人们的自我；处于支配地位的人控制和贬低与他们交往的人；工具性思维（instrumental thinking，意思是将一切视为达到目的的手段）被过分地强调；物质财富的作用被高估；以及社区捐赠日益减少。但在这本书中，社会批判是次要的，它更为含蓄而不太明显。本书重点描述了社会分裂如何影响社会成员的生活，并考虑我们对此可以做些什么。

在研究真实性和疏离的过程中，瑞安和我运用科学方法探索它们的动机基础。这些方法大多由亚里士多德所谓的"行为的有效因果关系"的信奉者发展起来，该假说认为，人的行为由前一事件引发。我们没有理由认为这种假说不能应用于诸如心理自由等概念的研究，而这些概念，以前主要由人本主义者和哲学家在没有科学方法的帮助时提出。

实证方法的运用在验证或者驳斥理论假设方面具有很大优势，即便如此，它也有很大的劣势：它是一个极其缓慢和系统性的过程。近30年来,美国及其他国家的心理学实验室的研究成果以及在家庭、企业、学校和诊所中进行的数十项实地研究的成果在不断积累。在本书中,我将这些研究成果作为讨论自由和责任的基础。因此,这里包含的社会批评和指导原则代表着一种推断和推测。我在这里使用从系统观察中得出的统计推论来阐明广泛的人类问题。

我们对个人自主(真实和责任)的研究集中在激励过程上。通过审视可以被称作自主的行为,并且探索调节这些行为的激励过程,我们已经能够详细阐述这些行为在社会背景下的原因及结果。这些问题是本书的核心。它们告诉我们,为什么我们要做我们所做的事情,同时,它们也为解决具体的和实际的问题打下了基础,例如,怎样促进负责任的行为(比如有效地工作,高效和愉快地学习,以及长久地摒弃不健康行为)的产生,使社会和个人都受益。

第一部分
自主和胜任的重要性

Why We Do What We Do
Understanding Self – Motivation

第 2 章

我只是为了钱

关于奖赏和疏离的早期实验

参观任何一个城市动物园,甚至是十分先进的动物园,你都可能目睹熟悉的海豹行为。例如,在布鲁克林的展望公园动物园(Prospect Park Zoo),年轻的饲养员会在指定时间进入海豹保护区,拎着装满鱼的袋子,着手创造一种"奇观",使得挤在围栏旁边观看的年幼孩子及其父母感到极其兴奋。这些饲养员并非为了供人娱乐而在那里工作,但他们的工作自然而然使得海豹出色地表演,从而产生额外的收益。当他们把鱼一条一条地放进饥饿的海豹嘴里时,海豹为了能够吃到下一条鱼,几乎会做任何事情。它们拍打身体左右两边的鳍,向人群挥舞双鳍,或者像喷泉中的美人鱼一样拱起身体。所有这些表演,观众都很喜欢。

海豹饲养员极其高效地利用奖赏来激发海豹的行为,这种场景似乎证明了奖赏作为一种卓越的激励技巧的威力。人们可能会想:

"如果这种方法在海豹身上效果很好，那么也应该适用于我的孩子、学生和员工。"这里传达出的信息似乎很简单：对你想要的行为给予奖赏，行为被重复的可能性就会增大。

但事实证明，事情并没有这么简单。你甚至可以亲眼看到海豹行为的变化。饲养员刚一消失，娱乐行为也随之消失，海豹再也没有兴趣拍打或向人群挥舞自己的双鳍。奖赏可能会增加行为的可能性，但只有在不停地奖赏的情况下才会如此。

对于我们的孩子、学生和员工，我们通常希望理想的行为能够持续下去，即使我们并不会给他们扔去一条鱼。我们希望他们继续学习、继续生产、继续做他们该做的事务，但我们面临的问题是怎样促进这种持续的自我引导，而不至于产生当今世界普遍存在的不负责任或疏离。这的确是个大问题，而要明确阐述这个问题的答案，首先要从哈里·哈洛（Harry Harlow）提出的一个有趣的概念入手。哈洛是一位开创性的心理学家，他职业生涯的大部分时间都在研究猕猴。

猴子是一群精力充沛的动物，经常做出各种有趣的滑稽动作。它们跑来跑去，互相戳来戳去，扔东西、做鬼脸，看起来十分开心，但它们并不是把所有的精力和注意力都放在那些懒散的游戏上。在实验中，哈洛把猴子一只一只地放在一个装有拼接玩具的笼子里，那些玩具包括很多的搭扣、钩子和铰链。猴子们对这个机械拼接玩具很感兴趣。它们会想办法拆开它，然后再次装起来。它们会多次重复自己的行为，这种行为不存在任何实际的奖赏，然而，这些天生好奇的猴子却专注而坚定。更重要的是，它们似乎玩得很开心。哈洛用"内在动机"这个术语来解释为什么猴子花很多时间来玩这些拼接游戏,而唯一可能的"奖赏"似乎就是活动本身。

虽然不应拿动物和人类做过多的比较,但是,这些猴子自发的而且明显是建设性的行为,会激发人们去思考幼儿的类似行为。孩子的旺盛精力往往来自他们强烈到令人吃惊的好奇心。他们探索、操纵和提问;他们拿起东西,晃来晃去,品尝一番,接着又扔出去,然后问道:"这是什么?"他们对纸板箱的兴趣丝毫不亚于对闪闪发光的新型塑料玩具的兴趣,而且,他们尝试着做事情,把东西折弯,将一种东西改装成另一种东西。他们寻求新颖,渴望学习。很明显,他们身上的某些东西是鲜活的、有生命的,他们想要掌控生活中的挑战。"内在动机"这个词似乎既适用于这些孩子,也适用于哈洛实验中的猴子。

对年幼的孩子来说,学习是一项主要的工作。当他们不再一心想着满足自己的温饱或者服从父母的要求时,就会自然而然地、满怀激情地学习。但是,我们在这种文化中面临的最令人不安的问题之一是,随着孩子年龄的增长,他们的学习动机大为减弱。例如,在学校里,他们似乎很少表现出在三四岁时就曾明显表现出来的那种对学习天生的好奇心和兴奋感。到底发生了什么?为什么这么多学生虽然天生就有着再明显不过的对学习的渴望,如今却没有学习动力?正是这个令人不安的问题,促使我着手研究动机,试图更多地理解真实的天性与社会的相互作用。毕竟,还有什么能比一个正常的三岁孩子的好奇心和活力更真实的呢?

内在动机与索玛拼图实验

20世纪60年代初,我在纽约克林顿的汉密尔顿学院(Hamilton

College）读本科，那时我开始学习心理学。这里是著名行为主义心理学家 B. F. 斯金纳（B. F. Skinner）的母校，斯金纳的开创性研究成果发展了行为矫正项目，促进了奖赏（或者用行为主义的术语来说，就是强化物）的系统使用。在汉密尔顿学院，我潜心研究行为主义的原则：对特定的、可识别的行为给予奖赏，并在行为发生后尽快这么做；注重奖赏而不是惩罚，并且始终如一地给予奖赏。当然，这些原则在展望公园动物园的海豹身上发挥了很好的作用。

行为主义的原则既吸引了许多心理学家，也吸引了一些门外汉。从哲学上来说，它们符合这样一种普遍的观点：努力追求回报，尤其是追求经济上的成功，是美国人的生活方式。它们也符合社会对于施加更多控制的日益增长的要求，并且与许多老师的观点相一致。这些老师认为，让学生学习的方法是使用分数、星星和其他奖励；告诉学生应该做什么，然后奖励他们的服从。根据这种观点，对于怎样激励孩子学习，答案很简单：使用适当的、有条件的奖励。

尽管行为主义方法的细节有些复杂，但正如行为主义哲学家巴里·施瓦茨（Barry Schwartz）指出的那样，这种方法传递的信息却十分简单：人们从根本上是被动的，并且只有在环境给他们带来获得奖赏或避免惩罚的机会时，才会做出反应。

1969 年，我在匹兹堡市的卡内基 - 梅隆大学攻读心理学博士学位时，越来越痴迷于这样一个问题：随着时间的推移，人们的好奇心和活力会发生怎样的变化？尽管我第一次提出这个问题时涉及儿童的学习，但我越想越觉得，这个问题也关乎其他诸多领域。行为主义者对这个问题的回答是，任何动机的缺乏，都可以归因于缺少奖赏。但我发现，这个答案没有说服力，甚至令人不安。

行为主义的教条认为学习没有内在动机，但这并不符合这样一个事实：年幼的孩子无论是在幼儿园还是在家里，都会不断地探索和摆弄他们遇到的物品。他们挑战自己，想变成有能力的人，但显然只是为了享受这样做的乐趣才去挑战。孩子们并不是被动地等待奖赏来吸引他们学习，而是积极地参与学习过程。事实上，他们天生就有学习的动机。

行为主义者关于学习没有内在动机的假设，在很多缺乏动机的人身上可能看起来是有效的。例如，在各种各样的生活情境中，人们会尽可能地少做事。即使在学校，许多孩子也是被动的，缺乏对学习的兴趣与激情；而在3岁的孩子身上，这种对学习的兴趣和激情则十分自然。当然，正是这种差异，让我开始思考内在动机，以及随着时间的推移它会发生什么。

我对行为主义者教条的怀疑，只会让我更加坚定地认为，很多人会提的问题，比如"我如何激励人们学习、上班、做家务，或是吃药"，诸如此类，全都是错误的问题。他们之所以错了，是因为这些问题暗示动机是施加在人们身上的东西，而不是人们天生就有的东西。用一种更加基本的和更为有用的方法来思考这个问题，便要接受内在动机的概念，该概念指的是为自己而做某件事，以及为了活动本身固有的回报而做某件事。内在动机完美地解释了年幼孩子的学习行为，它似乎也与我们所有人的行为相关，我们从事各种活动（如追求休闲生活），只是为了获得这些活动所产生兴奋感、成就感和个人满足感。想一想这个概念，我们就会问：什么样的经历会影响人们的内在动机，而且通常会削弱内在动机？

罗伯特·亨利也许是 20 世纪最伟大的美国艺术教师，他曾写道："画一幅画的目的不是为了画画——不管这听起来多么不合理。如果画出来了，画作本身只是一件副产品，可能只是"过去"的一个有用的、有价值的、有趣的标志。每一件真正的艺术作品背后的目标，都是获得一种存在的状态、一种亢奋的状态、一个超越寻常的存在时刻。"简单地讲，亨利的观点是，内在动机是指完全参与活动本身，而不是达到某个目标（无论是赚钱还是画画）。

学龄前儿童的大部分学习行为，不是因为学习对实现其他目标有帮助，而是因为孩子们好奇，因为他们想知道真相。显然，他们的学习是有内在动机的，他们对学习的积极参与代表了"超越寻常的存在时刻"的原型。

虽然学习的内在动机这个概念似乎抓住了学龄前儿童活动的真相，但是这种内在动机表面上的脆弱性却让人难以忘怀。当然，这种表面上的脆弱性，直接关系到为什么大一点的孩子没有更多内在学习动机的问题。回想 1969 年，我的那种不由自主的想法（肯定是异端的想法），即也许所有被广泛用于激励学生的奖励、规则和约束，本身就是"恶棍"，它们促进的不是一种兴奋的学习状态，而是一种可悲的冷漠状态。

最后，受到有可能发现问题根源的驱使，我终于能提出自己的问题，以便通过实验来寻求答案。问题是这样的："如果人们原本很愿意在没有奖赏的情况下去做某件事，那么当他们会因为做这件事而获得外部奖赏时，他们的内在动机会发生什么变化呢？"我决定用一笔钱作为奖赏，开始启动一个研究项目，后来，这个项目成为主要研究项目。

从心理科学的角度来看，该项目使人感兴趣的一个方面是，我真的不知道我对奖赏的有害影响的怀疑是否正确。显然，当时占主导地位的学术"智慧"与我的怀疑恰好相反。也许内在动机和外部奖赏能够以一种积极有效的方式互相补充，而不是相互消极对抗。例如，当人们因为做了他们发自内心觉得有趣的事情而获得外部奖赏时，可能会更加享受这种体验，并且想继续做下去。如果这是真的，那我就不得不寻找另一种途径来研究，为什么这么多学生没有学习的动机。

我在卡内基－梅隆大学的导师维克多·弗鲁姆（Victor Vroom）帮助我开发了一个通用的研究设计（称为实验范式），以探索奖赏如何影响内在动机的问题。这项研究在心理实验室中进行，这是一间没什么装饰且不带色彩的小房间，实验者可以控制或操纵这里发生的一切。这当然是一种人造的环境，但心理学家认为，我们可以借助这种环境来与现实世界进行类比，以便更加了解现实世界。毕竟，如果我们能够使用在日常生活中出现的刺激（称为自变量）让事情在实验室里发生，那就可以假设同样的事情也会在现实世界中发生。实验室的优点是它允许我们提出非常具体的问题，并且观察相对确定的答案。最后，如果我们在实验室中发现了有趣的结果，便可以大胆地将其应用到现实中的各个领域（比如学校、家庭、工作场所和诊所），以观察这些实验成果是否站得住脚。

为了做这个实验，我需要一项大学生肯定有内在动机去完成的任务。一天，我偶然走进一位研究生的办公室，发现了一组形状奇特的积木，是帕克兄弟公司（Parker Brothers）刚刚制作的一款叫作索玛的拼图游戏。拼图的说明书上这样描述："世界上最好的方块益智游戏。"拼图共有 7 块积木，每一块的形状各不相同，当我们以一种特定的方式将其组合在一起时，它们可以组成一个长宽高都为 3 英寸①的立方体。此外，我们还可以采用成千上万种不同的方式将其组合成不同的图案。说明书中展示的一种图案叫作"山姆的坐着的狗"，另一种图案是"长沙发"，第三种图案是"飞机"，诸如此类。7 块积木中的两块以及"山姆的坐着的狗"图案见图 2-1。

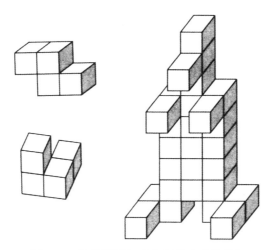

图 2-1 索玛拼图与"山姆的坐着的狗"

有些形状很容易拼，有些则很难。有趣的是用不同的积木来复制之前的设计，当我们能做到这一点时，成就感是相当明显的。人

---

① 1 英寸 =0.0254 米。

们只要一开始玩拼图,就难以停下来。我发现自己也立马被这些拼图迷住了,完成了一个又一个的设计。事实上,我甚至开始在脑海中拼接它们。看起来,一旦你对它们足够熟悉,就可以在想象的空间中组合,即使你第一眼看到它们的时候觉得几乎不可能。

索玛拼图是完美的实验工具,因为它可以灵活地服务于各种不同实验目的,也就是说,相同的部件可以形成许多不同的设计,难度可以根据需要改变,非常困难的任务也能看上去很简单。但最重要的当然是它们具有挑战性和趣味性,预测验表明,学生们喜欢索玛拼图,他们做这些只是为了好玩。在实验中,实验者向研究对象展示了几张画在纸上的图案,要求他们尝试在三维空间中使用实际的拼图来拼出这些图案。

这种范式需要两组研究对象:一组研究对象会因为拼出这些拼图而获得外部奖赏(拼出一个便奖励1美元,在1969年,1美元还是很值钱的),另一组研究对象则不会得到任何奖赏。核心的问题是:相对于没有获得奖赏的研究对象,获得了奖赏的研究对象的内在动机会发生什么变化?为了获得奖赏而拼拼图时,他们的内在动机到底是会增强、不变还是减弱?

结果证明,测量研究对象的内在动机是个棘手的问题。我们的实验是这样进行的:在实验过程中,研究对象在一张桌子前专注地拼大约半个小时的索玛拼图。然后,实验者告诉研究对象,拼拼图的过程结束了,现在实验者必须离开房间几分钟,把数据输入电脑,用电脑打印一份问卷,让研究对象完成。事实上,实验者每次离开的时间都正好是8分钟,而实验的一个基本部分就是观察研究对象在这段时间里做了什么。他们旁边的桌子上有一些杂志,如

《纽约客》《时代》等，实验者之所以放这些杂志，是为了引起研究对象各种各样的兴趣。他们在独处的这段时间里可以自由活动，要么继续玩拼图，要么看杂志，或者闭目养神一小会儿。8分钟过后，实验者拿着调查问卷回来了。

这个实验最重要的一段时间不是实验者在房间里陪着研究对象的时间，而是他离开了房间的时间。在等待实验者回来的这8分钟里，研究对象可以随心所欲地做自己喜欢的事。在等待过程中，实验者秘密地观察他们，以确定他们在8分钟的自由活动时间中花了多少时间来玩拼图。实验者的想法是，在没有奖赏的条件下，再加上还有一些趣味盎然的替代活动作为诱惑时，如果研究对象把自由时间花在玩索玛拼图上，那么他们一定是出于内在动机而去玩拼图的。

结果显示，对于那些因为拼图游戏而获得金钱奖励的学生，在自由活动时间里"只是为了好玩"而玩这些游戏的可能性小得多。一旦没有奖励，他们便不再玩了，似乎这些人就只是为了钱而玩。而且，这本来是一项他们一开始就非常愿意玩的活动，哪怕没有奖赏，也会乐此不疲。引入了金钱奖赏，似乎很快使得学生依赖赏金，改变了他们对拼图的看法，让一项本身令人愉悦的活动转变成一项有助于获得奖赏的活动。尽管这一发现令人不安，但从科学的角度来看，它非常鼓舞人心。一些重要的发现似乎从这个实验中浮现出来。

在后续研究中，我使用了相同的通用范式，但将其应用到了现场实验。我说服校报的编辑让我负责标题写作，以便我参加学生们一直在做的一项趣味活动，并且开始向他们中的一些人支付赏金。

接下来，我就可以在赏金分发完毕后测量他们的持续动机。令我高兴的是，这一现场实验的结果与索玛拼图的研究结果相似：一旦人们开始获得奖赏，就会对这项活动失去兴趣。然后，当没有奖励时，他们的表现就大不如前。

一天，我兴奋地告诉一位朋友几项实验的事情，几天后，他向我讲述了一个古老的犹太寓言。寓言是这样的：

> 一个犹太人在大街上开了一家裁缝店，有一群对犹太人有偏见的人似乎很想赶走这位裁缝，于是派了一群流氓地痞去骚扰他，地痞们每天都来嘲弄他。情况很严峻，但裁缝很聪明。一天，流氓地痞刚抵达时，犹太裁缝给了他们每人一枚 1 角硬币，作为他们努力的回报。他们兴奋地大声辱骂，然后就走了。第二天，他们又回来大喊大叫，等着拿赏金，但裁缝说，他只能付得起 5 分钱，于是就给了他们每人一枚 5 分钱的硬币。他们有点失望，但 5 分钱毕竟也是钱，所以他们拿了钱，嘲笑了裁缝一番，然后就离开了。又过了一天，流氓地痞又来了。裁缝说，现在只有 1 分钱给他们，于是伸手去掏。那些年轻的流氓地痞气愤地讥笑裁缝，宣称他们绝对不会把时间浪费在嘲笑他身上，哪怕是为了微不足道的 1 分钱。这样一来，他们便不再来骚扰了。一切又归于平静。

在进行研究时，重要的是记住，无论实验的设计和执行多么完美，也无论实验的结果多么有说服力，实验结果总是容易被驳倒的。所以，不管什么时候，只要有人发现一个新的、反直觉的，或者有争议的结果，一个好主意是想方设法再度获得这个结果。毕竟，利用推断统计的方法从小样本中得出关于人们的一般结论，总是存在得出错误答案的可能性，即使这种可能性较小。而且，即使不是人为造成的错误，也可能是无心犯下的过错。我转到罗切斯特大学（University of Rochester）后，再次进行了这项研究，得到了同样的结果：金钱奖赏削弱了人们的内在动机。

当然，这一发现在心理学研究的某些领域并不容易被接受。毕竟，认为金钱奖赏可能适得其反，几乎就是在公然地反对传统。心理学领域之外的许多人也没有张开双臂欢迎这种主张。事实上，即使其他大学的研究人员使用其他奖励（奖金、优秀运动员奖项和食物奖励）和其他年龄层的研究对象（学前儿童和高中生）复制和扩展了我的研究结果，一些尖锐的批评还是开始出现在各种期刊上。

奖赏会伤人

金钱显然是一种强大的力量。它毫无疑问能够激励人们。只要环顾四周（甚至看看你自己），你就会发现，人们是多么愿意为了钱而从事各种各样的活动。他们会强迫自己去做自己内心讨厌的工作，因为需要钱。他们沉迷于赌博，有时会把自己拥有的一切都当成赌注押在赌桌上，然后输得精光，因为他们非理性地相信自己能够赌赢。他们会为了赚更多的钱而承担过多的任务，承受过度的压力，从而导致生病。他们从事各种各样能带来丰厚回报的邪恶活动。金钱当然能激励人，但这不是关键——关键是，金钱在激励人们的同时，也在削弱他们的内在动机，而且，正如我们后来发现的那样，它还会产生各种各样的负面影响。

1968年，心理学理论家理查德·德查姆斯（Richard de Charms）出版了一本书，讨论他称之为"个人因果关系"的概念的重要性。他认为，内在动机的关键是人们希望成为自己行为的"本源"，而不是被外部力量操纵的"棋子"。根据他的这一思路，上述这些实验似乎表明，奖赏削弱了研究对象的个人因果感，从而减弱了他们对掌控的内在渴望。奖赏似乎将玩的行为变成了某种受到外部控制的东西：它把玩变成了工作，把玩家变成了棋子。

让我们暂时假设这些实验确实发现了一个重要的现象，并且考虑这些实验结果如何与第1章中提出的各种问题相关。当然，你完全可以对我的推论提出异议，因为我仅仅是通过在心理学实验室中做了几个简单的实验，探讨了这些问题，就得出了我的推论。但是，让我们暂时先把这些异议放到一边，因为随着时间的推移，许多在不同环境中进行的研究将支持这些结果。

实验表明，当研究对象开始为获得赏金而去拼这些有趣的拼图时，他们便失去了兴趣。虽然他们会继续为钱而拼拼图，就像许多人继续为钱做各种各样的事情一样，但他们与活动的关系，已经变成紧张的和工具性的了。想一想吧，与某项活动建立一种紧张的、工具性的关系，无疑是一种"疏离"的状态。在一次短暂又似乎无害的实验中，我基本上促成了这些研究对象的疏离状态。如果是这样的话，那么，在金钱发挥着如此巨大力量的现实世界中，它又会对人们产生什么样的作用呢？

今天，人们的工作时间很长。美国经济政策研究所（Economic Policy Institute）的数据显示，如今人们每年的平均工作时间比第一次进行内在动机实验的时候长了158个小时，相当于比1969年时人们认为的全职工作时间又增加了一个月！这真的很不寻常。想象一下，一位国王告诉他的臣民，他们必须每年额外工作158小时，这会引起臣民们怎样的反应。除非国王的军队非常强大，强大到足以控制局面，否则，肯定会发生宫廷政变。但事实上，工作时间的大幅延长，在我们的社会中只用了相对较短的时间就实现了，却没有发生"政变"。实际上还几乎没有人反对，人们只是更加疏离。

导致这一切发生的力量并不是强制性的，不是国王军队的威慑力，而是万能的美元的诱惑力，以及当今社会中使美元保持"王权"的社会化进程。金钱的确是一种诱惑，而且似乎与查尔斯·雷奇所说的无名权威密切相关。在20世纪60年代的一小段时间里，当大批人反抗传统权威时，金钱的力量看起来大大削弱了。但那个时代已经过去，工作时间的延长，给个人带来了无数的压力和实际成本。

实验使我们可以开始用科学方法非常具体地详细说明这些代价。最严重的代价是让人们对他们从事的许多活动失去了兴趣，开始把这些活动仅仅看作获得金钱回报的工具，因而失去了曾经对其充满的激情和活力。从一个重要的意义上说，这一发现与以下观点一致：当人们被金钱奖赏控制时，便会失去与内在自我的联系。因此，这些简单的实验可能已经开始指向一种深刻的现象，即人与社会刺激之间内在的联系。

人们在谈论控制时，通常指的是强制，也就是通过权力和威胁进行控制。大多数人发现自己很容易接受这样一种观点：强制手段的使用可能带来一系列的负面后果。管理者控制员工，员工则鄙视他们。但金钱也在控制——当人们说金钱激励人时，真正的意思是用金钱控制人。这样一来，人们变得疏离（放弃自己的真实性中的某些部分），强迫自己去做他们认为必须做的事情。想要理解疏离的含义，一种方法是观察，当人们与他们的内在动机失去联系时、与所有孩子都具备的活力和兴奋感失去联系时，当人们不再出于活动本身的理由而从事活动时，当人们与罗伯特·亨利所谓的"超越寻常的存在时刻"的存在状态失去联系时，疏离便开始了。

 第 3 章

我能决定自己的选择

个人自主的需要

虽然早期的实验突显了使用奖赏作为激励因素的一些消极后果,但研究才刚开始,因为还有无数的问题有待通过精心设计的实验室实验和实地研究来解决。

然而,为了继续研究,有必要从理论上对奖赏实验中发生的事情进行更全面的解释,以便将其用于进一步的假设推导。为什么人的内在动机(也就是人的天性中固有的活力、自发性、真实性和好奇心)会被外在的奖赏削弱?

自主:激发内在动机的第一个心理需要

德查姆斯的观点是,人们努力寻找个人因果关系(也就是说,

努力让自己感觉自己像是行为的本源）只是一个开始，而人格心理学家亨利·默里（Henry Murray）等人的贡献，有助于完善这一概念。默里认为，人不仅有生理需要，也有精神需要。人们对于自主感和自我决定感或许有一种与生俱来的内在需要，人们需要去感受德查姆斯所说的个人因果关系。这意味着，人们需要感到他们的行为是他们自己选择的，而不是由某些外部来源强加的——他们行为的缘由，存在于他们自身内部，而不存在于某些外部控制之中。这是一个相当微妙的观点，但其意义极其深远。人们需要感到自主，这暗示着这种需要一旦不能满足，就像不能满足温饱的需要一样，可能导致人们幸福感下降，进而产生各种不良适应（maladaptive）的后果。

所以，我们的假设是，任何有损人们自主的事件，也就是让他们感到被人控制的事件，应当都会削弱他们的内在动机，并且很可能产生其他负面后果。研究计划的下一步变得非常明确：有必要确定哪些其他的事件或情形可能削弱内在动机。换句话讲，除了奖赏之外，还有什么会被人们认为是控制他们，限制他们的自主的事情？

一个可能的候选因素，也是一个被人们广泛使用的、肯定被认为具有控制力的激励因素，就是威胁。人们总在威胁别人，比如，父母威胁孩子，"如果你不学习，就不能看电视"；老板警告员工，"如果你不按时上班，那就别来了"。他们认为这是一种有效的激励策略。当然，威胁并不是为了惩罚，而是通过人们想要逃避惩罚的欲望来激励他们。

我们使用与金钱实验相同的通用索玛范式，通过威胁研究对象（告诉他们，如果他们不认真拼拼图，就要惩罚他们）来激励他们拼拼图。结果，研究对象确实做得很好，没有受到惩罚，但这是一种负面的体验。事实上，威胁很像金钱：它鼓励人们尝试着拼拼图，却剥夺了他们参与这种有趣活动本身的愿望。

包括斯坦福大学（Stanford University）的马克·莱珀及其同事在内的其他研究人员发现，还有更多的事件会产生类似的负面后果。最后期限、强加的目标、监督和评估等，都破坏了内在动机。当然，这是有道理的，因为它们代表了施压和控制人们的常用策略。人们的体验与他们的自主相反，所以，这些事情会耗尽他们对活动本身的热情和兴趣。

我在罗切斯特大学举办了多场研讨会，在第一次研讨会的某一场中，有位学生提出了竞争的问题。竞争无疑是美国文化的支柱之一。数百万美国人周末都挤在电视机前观看体育比赛。我们的文化鼓励员工互相竞争，看谁的销售业绩最好、谁撰写的客户报告最好，这些都是典型的激励手段。可以肯定地讲，竞争的确产生了一些激励作用，但是，它与个人更微妙的自我激励和对个人自主感的渴望，又有什么关系呢？

研讨会上一名学生表示，竞争可以让人们专注于赢，而不是专注于活动本身，就像奖赏会分散人们对活动本身的注意力一样。此外，竞争可能产生一种压力，将人们推向特定的目标，并且远离活动本身。如果是这样，它也会破坏内在动机。但在研讨会上，有些运动员认为这种想法很荒谬。他们说，竞争会激发人的内在动机。所以我们决定把这个问题带到实验室。

我们修改了索玛范式，以便与我们提出的问题相符。研究对象要在一个实验同伴在场的情况下拼出三个拼图，而这个实验同伴假扮成研究对象。我们告诉一半的研究对象，他们的任务是赢得比赛，也就是说，通过更快地完成拼图来战胜对手。对于另一半的研究对象，我们要求他们尽可能快地完成拼图，并没有提到竞争或者赢得胜利。

实验同伴总是让实际的研究对象先完成，在竞争条件下，这意味着研究对象在三次比赛中都会获胜。研究结果表明，参加了竞赛的研究对象表现出的内在动机，比那些仅仅被要求尽可能迅速地完成拼图的研究对象弱，竞争的体验削弱了他们完成这项有趣任务的内在动机。显然，他们感到了竞争的压力，觉得被竞争控制了（哪怕最终还是赢了），这似乎减少了他们只为了好玩而拼拼图的渴望。

这一系列的发现尽管饶有趣味，却令人相当不安，因为大多数人在日常生活中经常遇到的事件，几乎都在破坏内在动机。这些人们迫不得已面对的事情（比如，早晨叫醒他们的闹钟，让孩子准时到校上学和自己按时到岗上班的压力，以及他们在工作中面对的奖赏、截止日期、威胁和评估等），在生活中几乎无处不在，显然，它们可能使人们感到受人摆布，令他们感到自己像棋子一样。

此时此刻，一个明显的问题出现了。所有这些研究结果是否意味着，为了不削弱内在动机，应当允许人们做他们想做的任何事情？幸运的是，事实并非如此。但是，在我们能够解决如何在不扼杀人的精神的前提下出台制度和设定行为界限等这些难题之前，需要先解决与我们刚刚介绍的情况相反的问题。我们必须考虑，哪些因素可能增强内在动机。

看起来，如果控制人们（也就是强迫他们以特定方式行事）会削弱他们的自我决定权，那么，给他们行事的选择，应当会增强他们的自我决定权。我和一些同事测试了这种直觉，再次使用了拼拼图范式的一个变体。我们让一个小组的研究对象选择拼哪些拼图，并且选择花多长时间来拼。对另一组研究对象，我们规定了他们拼哪些拼图，并且明确时间限制。

正如预期的那样，所有这些实验开始呈现出一幅全面的图景，拥有选择权的研究对象比没有选择权的研究对象花更多时间玩拼图，并表示更喜欢它们。研究对象拥有的做出这些小小选择的机会，改变了他们的体验，增强了他们的内在动机。

这再一次成为"自主 vs. 控制"的问题，尽管仍然有些不太清晰，但这是问题的核心。即使人们在别人的要求下去完成某一特定任务，但如果在如何完成这项任务上有一定发言权，和那些没有被别人当成独立个体对待的人们相比，前者也能够更加全身心地投入到活动中，也就是说，他们会更喜欢这项活动。

我们总是说，人们需要更多的控制，需要别人告诉他们该做什么，并且为他们自己的行为负责。但在这些实验中，没有任何证据表明这种观点体现了生活常态。当然，正如我们将看到的那样，设定界限是重要的，但过分强调控制和纪律，似乎是错误的。这种做法忽视了人类体验，其主要功能可能只是便于某些人为对他人施加权力找到简单的理由。

从广义上说，提供选择是支持个人自主的一个核心特征。因此，重要的是处在优势地位的人们开始考虑如何提供更多的选择。即使在拥挤的教室、快节奏的办公室，或者忙碌的医生办公室，总有一些办法来提供更多选择，而且，这些办法越是有创意，你就会发现越多的可能性。例如，为什么不让学生选择参与什么样的实地考察以及什么样的论文主题呢？为什么不让工作小组参与如何分配岗位职责的决策呢？为什么不让患者参与制订他们的治疗方案呢？提供选择并不总是件容易的事，但越来越清楚的是，如果你这样做，会有一些好处。

有意义的选择的主要益处是能够产生意愿。它鼓励人们完全认可他们正在做的事情，将他们拉进活动中，让他们产生更大的意愿，减轻了他们的疏离感。当你给人们提供选择时，他们会觉得你是在回应他们，把他们当作独立的个体。给予选择很可能催生比你强加的解决方案更好或更可行的解决方案。

不听医生话的姑妈

我的一位朋友曾给我讲过一个故事，他的姑妈多年来一直服用高血压药物，或者更确切地讲，理应长年服药。但她从来没有很好地遵循医生的处方服药，到最后，她经常出现昏厥、轻微中风和胸痛等症状，不得不被送进急诊室。由于她不听医生的话，没少吃苦头。医生给她开了药，告诉她每天早上必须服药，并强调，如果不遵照医嘱服药，可能发生可怕的事情。但是，她还是没有按医嘱服药，当然，有些可怕的事情确实发生在她身上了（幸运的是，还不是最糟糕的事情）。几年前，我的朋友曾经问过他姑妈为什么每天早上不吃药。她说她好像从来都不记得这件事。

不久前，我的朋友又见到了他姑妈，她告诉他，自己好多了。她一直坚持服药，有几个月没被送去急诊室了。什么情况？首先，她换了个医生。她说她更喜欢这个新医生。有趣的是，新来的医生和她谈了很多关于药物的事情，在谈话中，医生问她一天中什么时候服药对她来说是最好的。（这在医学上真的并不重要。）她想了一会儿说："晚上，就在我上床睡觉之前。"她说，如果医生可以接受，那她就可以将这种服药计划融入自己的日常生活。她还说，睡觉前她总会喝杯牛奶，可以一边喝牛奶一边吃药。这一切都很有道理。她的医生给了她一个选择，让她自主安排自己的服药方式，这让她有了很大的不同。现在，她每天都服药，疾病对她的影响也减小了。

当医生让我朋友的姑妈自己选择时，似乎发生了两件事，这两件事让她更负责任地坚持到底。第一，她可以根据自己的习惯（每天晚上喝杯牛奶的习惯）来安排任务。换句话讲，她选择的时间表对她来说更可行。第二，这位女性感到自己被赋予了权力，有了选择的机会，这对她是一种激励。她的内在动机增强了，因为这个选择支持了她的自主。当然，有些时候，医生应该做出决定，因为他拥有一定的专业知识，但如果他在可能的情况下为患者提供选择，就能产生积极的激励效果。

当然，在提供选择时，接受选择的人必须掌握做出有意义的决定所必需的信息。如果一位会计问你想如何处理某个潜在的扣除额，却没有列出你做出周密决策所需的全部信息，那他就没有给你提供有意义的选择。"这真的合法吗，还是会触及法律的底线？""这对报税表的其他部分有什么影响？"诸如此类信息。为了体验选择的感觉，你需要知道（或者能够发现）可能性、限制性和隐藏的特性。如果在缺乏这些信息的情况下给他人选择，会让人感觉更像是一种负担，而不是对自主的支持。这不但可能引起焦虑，而且，因为没有掌握足够的信息，人们更可能犯错误。

奖赏背后的意图

1977年，理查德·瑞安来到了罗切斯特大学。他在哲学和精神分析心理学方面有深厚造诣，与我在数学和实验心理学方面的训练形成了互补。我们很快发现，尽管我们看待问题的视角不同，但我们对关于人们的自由和自我调节的心理问题，对关于真实、责任和疏离的问题，都有着根本的共同兴趣。我们很快开始合作研究。

在一次早期的讨论中，瑞安着重强调了一个观点，即奖赏的影响应当取决于这个人如何解释奖赏——取决于这个人的心理解读。从早期的研究中可以明显看出，人们经常把奖赏理解为一种控制、一种迫使他们做出特定行为的手段。但在适当的情况下，人们可能仅仅把获得奖赏看作他人对他们在某方面出色表现的认可。如果是这样，瑞安建议，应当可以在不损害内在动机的情况下给予奖励。

瑞安认为，起作用的是给予奖赏的人的意图与方式。人们常常利用奖赏作为手段，把他们的权力强加于他人。他们给予奖赏是为了控制（或者更委婉地说，是为了"激励"），所以，接受者很可能觉得这些奖赏是控制。

举一个不愉快的例子，想想在纽约郊区某个富庶之家长大的一名大学生。他的父母都是律师，他们想让他也成为一名律师。不出所料，他开始学习法律预科课程，但很快发现自己真正喜欢的是电影。在假期与父母的一次交谈中,他明确表示很想换个专业。父母的反应显然缺乏热情,他们说:"好吧,但你得靠自己。如果你这样浪费你的大学时光,我们将不再给你付学费。"

尽管这对父母一直在给他们的儿子创造绝佳的(而且是代价昂贵的)机会前往优秀大学学习,但事实上,他们的付出中也隐含着一种控制。他们不是把钱看成一种可以分享的家庭资源,而是看成一种可以用来塑造"他们想要的儿子"的东西。而且,很可能他们在以某种方式表达着自己的意图,哪怕只是以不易觉察的方式。结果,在学费问题上的摊牌,严重影响了父母和儿子之间的关系,而儿子本人为了自己着想,在情感上疏远了父母。

尽管存在这样的例子,瑞安还是建议,如果给予奖赏的人并没有控制的意图,只想把奖赏当作一种表扬(可以说是一种成就的标志),那么,接受者可能不会觉得奖赏是一种控制。在这种情况下,奖赏应当不至于损害内在动机。

人们在给予奖赏时的真实意图,很可能通过他们给予奖赏的方式和措辞来传递。因此,瑞安决定做一项研究,在研究中以两种不同的方式来给予奖赏。一种是控制的方式,使用"应该"和"必须"这样的措辞来表达;而另一种是不控制的方式,也可以说,这是更加平等的方式。

瑞安训练实验者应对孩子在家里或者员工在公司可能遇到的人际关系问题,结果表明,瑞安是对的。方式的确重要。当人们以控制的方式给予奖赏时,它们对内在动机产生了本质上的负面影响,使得接受者感到压力更大、兴趣更小。但是,当人们以非控制的方式给予奖赏,并且仅仅是作为对其出色工作的表扬而给予对方奖赏时，奖赏并没有产生有害的影响。因此，这些结果似乎表明，尽管奖赏的初衷是激发他人的动机，但正是它背后的控制意图，破坏了这一初衷。

从实用的角度来看，这一发现肯定了以尽可能减小负面影响的方式给予奖赏是可能的。当人们在无意控制的情况下给予他人奖赏时，奖赏产生有害影响的可能性就会降低。不过，这是一个相当棘手的问题，因为我们必须将这一发现与另一个事实相结合，即在之前关于奖赏的研究中，实验者采取了一种非常中立的立场，但奖赏却在暗中破坏内在动机。这意味着，所有的证据都指向一点，奖赏确实对人们具有控制意义。没错，我们的确能以一种不损害内在动机、对某人天生的活力没有影响的方式运用奖赏，但是，给予这些奖赏的人必须非常认真地用好它，以抵消最有可能产生的负面影响。

我有个朋友，是个6岁的小女孩，名叫丽莎，她已经上了快一年的小提琴课。在她就读的城里小学，小提琴课是唯一的乐器课，丽莎的很多朋友也在上。丽莎是个完美主义者，尽管她的父母非常宽容，但如果她在某件事上失败了，她会对自己非常严苛。

丽莎刚开始上课时，经常对练习感到紧张，觉得无论做什么都不够好。为了避免内心的冲突，她开始抗拒练习。有一次，在上课几个月后，老师引入一项新的制度来激励学生多练习。学生每周练习一定的时间，就会得到一颗星星，当学生获得的星星足够多时，就会得到一粒"珍宝"。有趣的是，丽莎似乎变得不那么抗拒练习了。尽管她似乎仍对实际的练习感到紧张，但对练习本身却不那么避而不谈了。

这一转折引起了我的兴趣。具体规定她必须练习多长时间的制度，以及坚持练习就会得到奖励的承诺，似乎让丽莎变得更容易投入练习了。完成了规定时间的练习后，她会停下来，她觉得自己已经练得够多了。但在练习过程中，另一件事情开始发生：丽莎会经常看表。她对小提琴本身不再感兴趣，对完成练习更感兴趣。

几个月后的一个周日，丽莎反复向父母提到她必须练习，但似乎也不像之前那么愿意。她妈妈说："好吧，我们现在就去练习。"她妈妈像往常一样，在她练习时陪在一旁，但练习并不顺利。丽莎练得不认真，而且到处胡闹。她敷衍了事，只想演奏那些已经学得很好的简单曲子。然而，她的母亲鼓励她坚持下去。如此一来，丽莎不得不尝试演奏新曲子，免不了犯错，然后开始哭泣，气氛变得紧张起来。

过了一会儿，丽莎的父亲走进房间去替换他的妻子。他对丽莎说："我们先把小提琴收起来吧。你可以明天晚上练习，到时候我陪你练习。"丽莎激动地说："不，我必须现在就练！"于是她拿起小提琴开始演奏，但几乎刚一开始，她立马就犯了个错，变得心烦意乱。她的父亲拿起小提琴，走出房间，把它放在架子上。父亲让她生了几分钟闷气，然后开始轻声地和她谈论起这件事。他感兴趣的是她为什么给自己那么大的压力。

他问她："你今天为什么要练习？"实话讲，他花了一些时间安慰她，并且和她促膝谈心，最后才得到这个问题的答案。丽莎终于透露，如果不练习，就得不到星星，如果得不到星星，就不能像她的朋友们那样赢得老师发放的"珍宝"。这个 6 岁孩子因为老师运用的"激励"而给自己施加了巨大的压力，令她父亲倍感震惊。

丽莎的父亲问她，"珍宝"是什么。她不知道。他告诉她，不论是什么，如果她没有从小提琴老师那里赢得它，他会奖给她一个。丽莎惊讶地说："你是说我不需要练习也能得到'珍宝'吗？""是的，"父亲说，"不管你有没有练习，都可以得到它。"这样一来，紧张的气氛大为缓解，从那以后，丽莎的练习轻松多了。毕竟，拉小提琴原本就很有趣。

提倡用奖赏来激励孩子的人经常会讲这样的故事，比如这个故事的前半部分，讲的是奖赏如何促使孩子练琴、做家务、完成作业，等等。我总有一丝怀疑，即使我知道奖赏并不都是坏事。我之所以对此感到怀疑，原因很明显，奖赏往往会带来负面的后果，尽管这些后果是无意中造成的，然而，奖赏的倡导者通常并不愿意承认这一点。奖赏也许能够确保某些行为（比如更有规律的练习）的出现，但这种行为可能不是我们真正想要的。丽莎的例子就很清楚地说明了这一点。

奖励制度的引入在一开始对丽莎是有帮助的，因为这让她知道，每天要练习多久才能够达标。但是，如果不使用奖励，而是与她推心置腹地探讨并制定一些制度，可能也会起到同样的作用。换句话讲，一场关于练习时间长短的讨论，原本可以结束她最初的抗拒，而且不会产生同样的负面影响。

以非控制的方式给予奖励，需要一种人们很难做到的发自内心的诚实。例如，人们说他们并不是在试图塑造自己的孩子，只是在表达感激、以身作则，或者只是为了给孩子真正想要的或需要的东西。但是，经过一番深思熟虑，我们往往发现，成年人实际上是在利用奖励来给孩子施加压力，尽管这种压力可能是为了让孩子获得最大利益。所有这些思考引出的真正问题是，用奖赏来强迫孩子做对他们有益的事情，到底是不是达到预期目标的最佳方式。

当然，压力和控制所造成的影响远远大于运用奖赏。从瑞安以两种不同方式给予奖励（其中一种方式是强调压力和控制，另一种方式则不强调）的研究之中，我们得出一个重要结论：如果处理得当，一些事件或情况可能就不会破坏内在动机。

我和学生之前所做的竞争研究已经引起了一些争议。人们就是不愿意相信竞争会削弱内在动机。在瑞安的奖励研究得出发人深省的结论之后，我和同事约翰马歇尔·里夫（Johnmarshall Reeve）决定研究与竞争相关的相同问题。从本质上说，我们有一组研究对象是背负着获胜的压力赢得比赛的（我们使用了老套的"文斯·隆巴迪㊀战术"，告诉他们，获胜就是一切），另一组则在没有额外压力的情况下赢得比赛。有趣的是，我们的研究结果与瑞安相似。当我们通过强调打败别人的重要性来引导人们走向竞争时，竞争对他们的内在动机是非常有害的。然而，当我们没有增大这种压力，只是简单地鼓励他们尽自己的最大努力去力争夺魁时，竞争并不是有害的。

在这项竞争研究中，我们也有一个并没有背负压力的小组输掉了比赛，我们发现，这个小组的研究对象的内在动机很低。将所有这些研究发现综合起来，我们看到，竞争不一定会破坏内在动机，但这是一个相当微妙的问题。在竞争环境中，向人们施压以取得胜利似乎是很自然的事情，但可能产生负面影响，甚至对赢家也是如此。当然，对于失败者来说，影响更糟。

㊀ 美国著名的橄榄球教练。——译者注

让支持自主与设定规则共存

我的总体立场是反对依赖奖赏、要求、威胁、监视、竞争和批判性评估来激励人们做出行为,但是,我也绝不提倡纵容。在学校、组织和文化中,目标与制度的使用以及界限的设定通常很重要,尽管人们不可能喜欢它们。举个例子,纵容孩子在画画时互相投掷颜料或者纵容工人上班时随意脱离岗位等行为,都是不合理的。那么,真正重要的问题是,我们如何才能在不产生僵局的情况下避免纵容?支持自主和设定界限,又该如何共存?怎样运用标准和界限,使得处于劣势地位的人能够在界限之内生活,却仍然保持一种自我驱动的感觉,从而不失去内在的动机?

支持自主是与控制相对的,这意味着处于优势地位的人能够采用他人的视角,而从他人的角度出发,又意味着积极地鼓励自我激励、实践和承担责任,这很可能需要设定界限。但是,对自主的支持是通过鼓励而不是施压发挥作用的。在不至于失控的情况下给予这种鼓励似乎是可能的,但绝非易事。我们已经知道,对自主的支持可能比实行强制手段更难——这需要付出更大的努力和采用更多的技巧。

瑞安从不同奖赏方式的研究中得出结论后,决定以这些结论为基础,探索界限和自主是否可以共存。他与蒙特利尔麦吉尔大学(McGill University)的教授理查德·科斯特纳(Richard Koestner)合作,发现了一个既需要界限又需要创造性自主的经典情境:儿童艺术。他们的想法是让5~6岁的孩子参与一项具有创造性的,但可能很混乱的绘画任务。他们为了让孩子始终保持整洁,采用了两种不同方式来设定界限,一种是常规的控制方式,另一种是非控制的支持自主的方式。控制的方式很简单：使用颇有压力的语言（"做个好孩子，保持材料整洁"或"做你应该做的，别把颜色弄混"）。

支持自主的方式包括避免运用控制语言和允许儿童拥有最多的选择，以便减小压力，这需要做得更加微妙。在设定界限时，总是存在可能的冲突，因为你在要求人们做他们可能不想做的事情。这就是界限的意义所在。科斯特纳和瑞安认为，承认这种冲突也许有所帮助，它表达了对孩子观点的欣赏，应当能够减小他们感到被外部控制的程度。在支持自主的小组中，实验人员在设定界限时没有采用控制的方法，而是说："我知道，有时候你只是随意地涂一下颜料，这确实很有趣，但这里的材料和房间需要保持整洁，以便其他孩子使用。"

令人鼓舞的是，从我们不断积累的研究成果来看，结果是戏剧性的。即使发出指令的措辞出现了这些简单的变化，但也产生了影响。支持自主的情形对儿童似乎有解放的作用，而控制的情形削弱了儿童的内在动机。和受到限制的孩子相比，那些感到大人至少能理解他们的孩子，更加富有内在的动力和热情。这就像你可以从这本书里看到的那样，在各种各样的生活情境中，制定规则既有好处也有危险，究竟是好是坏，取决于人与人之间关系的特点，取决于处于优势地位的人是最大限度地强化还是抑制人们的体验。

设定界限对促进人们肩负责任极其重要，而这项研究的发现，对于如何做到这一点更是至关重要。以支持自主的方式来设定界限（换句话讲，从受到界限约束的人的角度出发，认识到他是一个能动的主体，而不是一个被操纵或控制的对象），就有可能在不损害个体真实性的情况下鼓励他肩负责任。

第 4 章

追求体验还是结果

内在动机与外部控制

一位朋友最近经历了一件令人不安的事。他的儿子即将上大学,对许多父母来说,这需要一大笔钱,以至于当他们不得不面对这个现实时,感到措手不及。他打电话给一位顾问,他曾听人说过,这位顾问从事的是帮助父母寻求孩子大学助学金的工作。这位和蔼可亲、热情满满的顾问出现了,显得十分温暖,关怀备至,他开始询问我的朋友一家有什么渴望以及他们当前可用的财力。听到他们的回答,他说他要做的只是帮他们填写所有的财务表格,以便节省一笔钱。这样,就能让他们得到所谓的"公平份额"。

恰巧我朋友家勉强算得上富裕,由于他们在共同基金里投了太多钱,使得他们没有资格获得各种助学金,所以,顾问建议他们将资产转移到我朋友母亲的名下。这位和蔼可亲的顾问碰巧也在一家保险公司工作,他可以为我朋友的母亲开设一个年金账户,并且迅速将资金转移到那里。接下来，他可以填写反映这个家庭近期贫困状况的表格。现在，顾问对朋友一家的境况了解得十分清楚，他忍不住说道："你知道吗，你的保险严重不足。"他很方便为他们提供"适当数额的人寿保险"。

对于把资产转移到母亲名下一事，我的朋友和他妻子感到很不安。看起来总有些地方不对劲。但是，由于他们被顾问的花言巧语冲昏了头脑，所以，他们尽管心存疑虑，还是给他开了一张 200 美元的支票作为咨询费。等到后来真相大白时，他们后悔了。原来，他并不是一个真正的大学资助顾问，或者说，即使是，那也只是他的副业。事实上，他是一名拿佣金的保险推销员，他发现我朋友一家就是完美的保险客户。他要做的就是设下圈套，说服他们接受他的欺骗，先骗取政府和大学的助学金，接下来就能从他们那里获得长期的业务。最后，我朋友一家拒绝了与顾问合作，他们把 200 美元的损失归咎于自己的判断失误。

听到这个故事，我突然意识到，这就是使用金钱（在这个例子中是销售佣金）作为激励销售的基本方法的真实例子。结果，这种方法使得销售成为压倒一切的任务，以至于销售业务员面临着欺骗和操纵客户的诱惑，如果说这两种手段是销售保险需要采取的手段的话。外部控制往往只会让人们关注结果，从而导致他们走捷径，这样的捷径可能令人讨厌，或者令人难过。因此，外部控制给人的感受，与内在动机带来的振奋人心的体验相去甚远。

内在动机的益处

在内在动机中,有一个与外部控制截然不同的方面。我们在目前为止的讨论中一直没有说明白这一点,但我现在想强调一下。这几乎是精神的一个方面,它与生命本身有关:它是活力、奉献、超越。它就是人们在罗伯特·亨利所说的"超越寻常的存在时刻"中体验到的东西。

文学作品和东方哲学等学科很长一段时间都在强调,这些体验(我称之为"增强的意识",甚至是心灵顿悟)本身就有价值。芝加哥大学心理学家米哈伊·奇克森特米哈伊(Mihaly Csikszentmihalyi)指出,当时间似乎瓦解、消失、不复存在时,当体验过程中的投入状态占据主导地位并且产生了极大的兴奋感,使得体验者讨厌看到它结束,迫不及待想再体验一回的时候,这些体验就处于一种"心流"(flow)的状态。网球运动员可能会有这种感觉,外科医生、作家、画家和舞蹈家也有这种感觉。类似这样的投入体验使得生活变得高尚和愉快,并最终带来更强大的自我理解和诚实。这些体验让我们有机会观察真正的、深刻的兴趣(以及这种兴趣带来的快乐)是什么样的,这往往与外部控制带来的苦差事完全相反。

我一直认为,体验内在动机本身就能证明这样做是有理由的。闻一闻玫瑰花,受到如何将拼图的图块拼在一起的吸引,看到阳光在云朵之中飞舞,感受登上高山之巅"一览众山小"的兴奋,所有这些,都是无须再付出任何代价就能得到充分证明的体验。有人甚至会说,没有这些体验的人生,根本算不上完整的人生。

但是，现代社会对此并不十分关心。现代社会存在一些弊病，哲学家查尔斯·泰勒（Charles Taylor）最近将其称为"工具理性"（instrumental reason）。我们根据世间万物的底线收益⊖来评估它们，也就是说，根据成本与收益的比率来评估事物的价值。可悲的是，即使是应当用其他标准来衡量的事情，比如人际关系，人们似乎也在用工具理性的"黑暗之眼"来审视它们。

有些人会说："感觉自己活着，对某项活动既感兴趣，又能全神贯注投入其中，并且处于一种心流的状态，这些都很好，但是，这些能给你带来什么呢？"这些人想要结果。他们想要"引人注目的画作"，并不关心画家在创作时是否处于"亢奋状态"。他们想要学生考试得高分，并不十分关心学生是否感觉良好或对学校感兴趣。他们想要高额利润，不太关注员工的职业进步或个人发展。

当然，关注动机的结果是很重要的，虽然内在动机本身就是一个理想的结果，但是瑞安和我投入了相当多的精力来探索内在动机和外部控制的具体结果。如果不证实内在动机有着具体的优势，我们就没有充足的理由主张在学校、家庭和职场推广它——实际上也就是在更广泛的社会情境中推广它。因此，我们试图澄清，当人们产生了内在动机时，是否也能取得高水平的成就。罗伯特·亨利用他鞭辟入里的直观观察暗示了这个问题的答案：内在动机存在于"每一件真正的艺术作品背后"。但是，研究结果又表明了什么呢？

教育领域似乎是开始这项研究的成熟领域，因为无数人认为，动机是教育成功的关键。当然，对有的人来说，学习似乎很有趣；对另一些人来说，学习却很乏味。正是学习动机的问题，让我首先

⊖ 底线收益（bottom-line），指盈亏表底线。——译者注

对内在动机产生了兴趣。幸运的是，教育的结果（习得、成绩和调整）能够可靠地加以测量，而测量是研究必不可少的环节。

在教育领域，成绩（有时还伴随着其他一些东西，如获得奖励星星的数量或者跻身院长表彰名单的机会）是外部控制的主要手段。人们认为它们是激励因素，会激励学生学习，以便取得好成绩。我和以前的学生卡尔·本威尔（Carl Benware）一起做了一个学习实验，在实验中，我们认为成绩是个激励因素。我们让两组大学生花3个小时左右学习一些关于神经生理学的复杂材料，也就是关于大脑机制的材料。接着，我们告诉其中一半的学生，将对他们的学习效果进行测试和评分，同时告诉另一半的学生，他们有机会通过向他人传授知识来积极地使用这些材料。我们认为，为了测试而学习，对学生来说是一种被控制的感觉，而学会如何将知识积极运用起来，则是一种令人兴奋的挑战。学生们学完材料后，我们通过问卷调查来评估他们的内在动机，结果发现，正如预期的那样，为了测试而学习的学生，内在动机更弱。

然后，我们又进一步探讨了主要问题，即已经发生的实际学习。我们对两组学生进行了测试，尽管其中一组并没有料到他们会参加测试。结果显示，为了积极地运用材料而学习的学生，比为了参加测试而学习的学生更能从概念上理解材料。正如研究再次表明的那样，原本一片好心的人（在这个实验中，是那些利用测试来激励学生的人）无意中挫败了他们想要帮助的人们的学习欲望。

瑞安和美国克拉克大学（Clark University）的老师温迪·格罗尔尼克（Wendy Grolnick）一同做了另一项学习研究，这次针对的是小学生。研究者要求两组孩子阅读小学课本上的两篇短文，研究者告诉其中一些孩子，他们将根据阅读内容进行测试和评分，同时告诉其中另一些孩子，他们只需要阅读短文，没提任何测试的事。结果，那些以学习材料为目的而没有料到自己会参加测试和评分的学生，比那些知道自己要参加测试和评分的学生，能够更好地从概念上理解短文。

这项研究还发现了另外一条有趣的信息。知道自己要参加测试的孩子，比那些没有料到自己要参加考试的孩子，展示了更强的死记硬背能力。似乎是这样的：如果人们在学习的时候知道有人将会评价自己的学习效果，就会更加专注于记忆事实，而没有充分地处理信息，因而没有掌握概念。从表面上看，这意味着，应该创造什么样的学习环境，取决于人们希望培养哪一种类型的学习——死记硬背还是概念理解。但是，在这项研究的最后阶段，我们发现了一个十分有趣的问题。

研究者在这些小学生参加实验一周后来到他们的教室。他介绍了自己，并提醒孩子们回忆一周前研究者给他们阅读短文的事情。然后他说，他想问他们一些与短文有关的问题。在这次测试中，所有孩子能够回想起来的东西都比他们一周前读到短文时要少，但这是意料之中的。令人震惊的是，那些知道自己要参加测试的学生，忘记的内容更多一些。只过了几天，他们超强的死记硬背能力就不再突出了。显然，虽然他们记住了要测试的东西，但测试刚一结束，他们就好比拔掉了塞子，让那些原本记住了的东西流走了。借用计算机术语，格罗尔尼克和瑞安将之称为"核心转储"（core dump）。

对于大学生和小学生来说，这些研究极有说服力地表明，对于长期学习来说，测试不一定是有效的策略。最近，在其他文化中也发现了类似的结果，在日本文化中也是如此。美国人认为，日本人之所以成为美国经济发展的强劲对手，部分原因是他们在学校受到的压力。

年轻的日本教育心理学家鹿毛雅治（Kage Masaharu）在他家乡的公立学校进行了一些实验，旨在评估我们的研究结果在日本文化中的有效性，结果出乎我们的意料，他找到了支持我们研究成果的有力证据。在其中一项研究中，他在几间教室里给学生们准备了小测验，但采用了两种不同方式。在有的课堂上，老师负责评估小测验的结果，并将其作为本课程评分系统的一部分，而在其他课堂上，学生自己检查小测验的结果，以观察自己的成绩，但小测验并不作为课程评分系统的一部分。鹿毛雅治发现，与自我监控的非评估性的小测验相比，使用评估性的测验来激励学习，会降低内在动机，导致期末考试成绩较差。看起来，即使是在日本社会，使学生的压力最小化而不是最大化，在学习上也具有同样的优势。这个发现可以很好地描述一般人的特征，而不仅仅是只有美国人才具有的特征。

因此很明显，当教育者利用内在动机而不是外部控制促进学习时，学习效果会更好。那么，人类行为的其他品质呢？回想上一章结尾阐述的界限设定的研究，在该研究中，幼儿在控制的界限和支持自主的界限内画画。结果，在控制的界限内画画的孩子，内在动机不如那些在支持自主的界限内画画的孩子强烈。不过，这个研究还有一个耐人寻味的发现。

研究人员还使用心理学家特蕾莎·阿马比尔（Teresa M. Amabile）开创的一种方法，观察了孩子们实际绘画的质量。他们把两组孩子画的所有画都混在一起，然后把它们交给 6 位评委，由评委对每一幅画的创意和技术特点进行打分。画作的质量评分是这两个因素的综合。评分完成后，研究人员将画作分到原来的两组孩子手上，计算每一组画的平均质量评分。他们发现，在支持自主的界限内画画的孩子，也就是内在动机更强的孩子，比在控制的界限内画画的孩子，画出的画质量更好——使用的颜色更多，设计更新颖，图案也更多样。罗伯特·亨利又说对了：那些有着更强内在动机去画画的人，不仅拥有强化的体验，而且更有可能创作出真正的艺术作品。

其他研究表明，当人们为了谋求外部奖赏而做事时，和出于内在动机而做事相比，解决问题的能力更低一些。事实上，几项研究已经证实，将外部控制作为激励策略时，人们在任何需要智慧、深度专注、直觉或创造力的活动上的表现，都可能打一些折扣。当然，人们出于外部控制去做事时，体验的感觉也会不那么好。

在一些简单的常规任务中，奖赏和控制可以提升人们的表现，特别是在按计件制来给予奖赏时。但重要的是要记住，对于完成任务的个人来说，在这些方面提升表现，可能在其他方面产生负面的影响，而且，那些负面影响也许会以不同的方式显露出来，比如形成一种"只在有奖赏时才做事"的趋势，甚至可能在没有奖赏时反而暗中搞破坏。不管是哪一种情形，你都可以确信，奖赏和控制不会使接受者对工作或组织全身心地投入。

这给我们留下了什么启示？我们在研究有着内在动机（相对于外部控制）的行为的质量时，又发现了什么？相对于外部控制，内在动机与更丰富的体验、更好的概念理解、更强的创造力和问题解决能力相联系。控制不但削弱了人们的内在动机和参与活动的积极性，而且显然会对执行任何需要创造力、概念理解或灵活解决问题的任务产生有害影响。这对关注底线收益的人来说是个坏消息。

外部控制的风险

当我们反思运用过度的控制（尤其是通过使用外部奖赏）会怎样破坏内在动机和绩效时，重要的是记住，奖赏和其他控制确实具有激励作用。至少在某种程度上，人们的行为是可以控制的，因为他们会做自己必须做的事情来获得外部奖励，避免惩罚，或者赢得竞争。（还记得展望公园动物园里的那些海豹吗？）然而，依靠奖赏和控制来激励员工，仍然存在一些实际的问题，在决定使用激励策略时，记住这一点十分重要。

第一个问题是，一旦你开始用奖赏来控制人们，就不可能轻易回头。实验表明，当行为成为赢得金钱奖赏的工具时，换句话讲，当人们为了获得回报而行事时，只有预期会得到奖赏，这些行为才会持续下去。这在某些情况下可能是好的，但在大多数情况下，有奖励的活动，是我们在停止奖赏后还希望能长期坚持的活动。例如，假设你经营一家健身中心，使用奖励制度鼓励人们锻炼，你会希望那些人在你不再奖励他们时仍然踊跃地参与健身。但很有可能的是，如果他们锻炼是为了获得奖赏，那么，一旦没有了奖赏，他们就会停止锻炼。如果你奖励你的孩子学习，比如每获得一个 A 就奖励 1 美元，那么，你会希望孩子在奖励制度不再执行后仍然对学习充满热情。目前还不清楚他们会不会这么做。再一次提醒，你还记得当人们不再给海豹吃鱼时，它们就会停止令人愉快的表演吗？

第二个问题，我们已经提到，人们一心想着获得奖赏时，很可能会选择走捷径。然而，走捷径并不是我们希望提倡的。还记得丽莎是如何看着时钟，只想演奏最简单的曲子吗？更麻烦的是，你还记得保险推销员是如何欺骗和操纵他人来推销自己的产品的吗？

根据我自己早期的经验，我也知道上述这种情况真实存在。我上一年级的时候，在刚入学的第一周，我们的老师库克小姐告诉我们，所有的书都放在教室后面的书柜里。和大多数5岁孩子一样，我渴望成为一个爱读书的学生，库克小姐热情地鼓励我们读书。她解释了签名取书的程序，因为这就像个图书馆，我们每拿走一本书，都要签名登记。然后，为了增加一点激励，她告诉我们，读书最多的学生将在年底获得奖励。库克小姐没有说奖金是多少、奖品是什么，而年底肯定还十分遥远。但我知道，不管奖金多少，奖品是什么，我都想要。我猜想，对我来说更重要的是，我希望得到伴随这些奖励而来的表扬。

但是，到后来我终于弄明白，这个奖实际上颁给了签名取书最多的学生，而不是读书最多的学生。于是，我开始一本接一本地签名登记。我不记得自己读了多少书，但肯定不如签名登记的书多。当年底终于到来时，我赢得了一大盒蜡笔。现在回想起来，我很难过。当时赢得蜡笔是件很美好的事情，但它们早就不见了。本来我有可能读更多的书，可以从那些书中获得更多的知识，但我把目标确立为尽可能多地签名取书而不是真正地读书，所以，我的读书变成了应付，也没能从书本中学到知识。至于我是如何侥幸成功的，我永远也不会知道。

现在讲这个故事的时候，我有点难堪，觉得自己有点像前面介绍过的保险推销员。这就好比我为了一盒蜡笔而出卖了自己的道德。不过，5岁的孩子当然不太了解道德，因为道德推理能力是在孩子一生中，按照可预测的时间系统发展起来的，那个年龄的孩子还没有形成道德的概念。

在过去几年里，许多老师给我讲的故事，让我想起了我和我的老师库克小姐的经历。例如，有一个例子是一家比萨特许经营公司提供的一个可能是出于好心的项目。在该项目中，学生们通过阅读书籍来累积分数，然后通过分数换取免费的比萨。当然，这里面隐含的信息是吃比萨比读书更有趣，而大量的老师指出，这样的项目更难而不是更容易激发学生的阅读兴趣。毫无疑问，学生想吃比萨，会尽一切努力来赢取奖赏。他们只会说，如果可以赢得比萨的话，他们会读这些书，或者，他们只会做些表面功夫来读书。更重要的是，即使比萨确实能促使孩子多阅读，在不能得到免费比萨后他们也可能没兴趣继续阅读。

问题在于如何使用奖赏制度来激励那些本身就令人兴奋的事情。回想起来，很容易看出，库克小姐本该着眼于以一种富含教育意义、引人入胜的方式来提升阅读的乐趣，但她陷入了一种被人们广泛接受的关于人类动机的极其错误的理论之中。她认为自己这么做是对的，但她缺乏前面介绍过的那位大街上犹太裁缝的智慧。

同样的问题在工作中经常发生，我们在质量控制方面看得最清楚。按照人们的工作产量来支付工资，他们会生产很多产品，但质量不太可能都达到标准。对这个问题的典型的反应是加强控制，建立这样或那样的复杂的管理系统。但实际上，这只会让劳资双方的冲突升级，而不能解决问题。人们可以很有创意地绕过规则、寻找对策，精明地找到获得奖励的捷径。在这方面，再没有什么比 20 世纪 80 年代的垃圾债券之王和套利者更有说服力的了。

垃圾债券之王当然是个极端的例子。一个更常见的例子是我的一位朋友最近讲的一个故事。它发生在一家出版社，但有可能在任何公司中发生。这家出版社极其看重损益表，事实上有点太过了。在这家出版社，人们似乎已经变得既依赖于奖金本身，也依赖于奖金带来的自我膨胀，而奖金是根据每位经理所管理的团队的损益表发放的。

临近年底时，编辑们会赶着出版那些本可以等到第二年再出版的书。这种事情经常发生，已经不足为奇。他们需要这些数字，所以将自己的创造力和智谋全都导向这些数字，而不是高效的绩效。这样做显然是个糟糕的商业决定，但出版社开出的奖金似乎在很大程度上鼓励这样做。

反思绩效工资制度

在管理领域，绩效工资是一个受人尊敬的概念。这是典型的胡萝卜加大棒。"计件工资"是 20 世纪初弗雷德里克·温斯洛·泰勒（Frederick Winslow Taylor）提出的科学管理方法中最核心的激励方法，也是典型的绩效薪酬方法。它涉及对员工所做的每一项具体工作给予报酬。数一数工人在 8 小时内搬动了多少根生铁条，然后每条付给他一定的钱，这就是他这一天的工资。这里的理由当然是，如果他想要更多的钱，第二天就得搬运更多的生铁条。

销售佣金也是纯粹的绩效工资的例子。和20世纪初那些魁梧的移民工人为了挣得计件工资而搬动生铁条一样，如今，衣冠楚楚、口齿伶俐的销售代表可以决定自己的薪酬。卖出更多的软件包或者小型货车，就会赚更多钱。卖出更多的保险，哪怕不得不撒一点谎，也会让人变得更加富有。

在商业世界的顶层，按业绩付费的形式还有依据利润分享股票期权等。所有这些激励机制背后的基本原理是"金钱万能"。人们想要钱，所以，管理者认为如果正确地安排好激励措施，就能让他们做你想让他们做的事。

然而，前文所述研究的结果使人们进一步怀疑按业绩付费的做法的有效性。当然，这些做法确实可以激励人们，但在此过程中，也可能鼓励人们走捷径，并且破坏内在动机。它们会使人们将注意力从工作本身转移到工作所能带来的回报上，毫无疑问，这将降低解决问题的效率和创造性。在企业面临重大问题的时候，在需要人们提出深思熟虑的、卓有远见的解决方案的时候，很多公司却走了一条简单的道路，落入了一个依靠诱人的激励方式而不是促使员工对工作和公司更加忠诚的模式之中。

在所有的现代经济体系中，金钱都是交换媒介，因此，必须分配金钱的报酬。但这样做，既有更好的方式，也有更坏的方式。例如，最好不要把报酬看成激励员工的一种方式。报酬是工作合同的一部分，没有报酬，就没有工人。但研究表明，从某种程度上讲，报酬除了留住员工之外，还可"用于"其他各种功能，而它本应只表示认可或工作任务完成得不错。报酬可以作为一种表达感激的方式，然而，越是把它们作为激励手段（比如出版社的奖金计划），它们就越有可能产生负面影响。

对孩子来说，点心和礼物是很好的奖品，祖父母喜欢给孩子这些。但是，要想让孩子表现优秀，给孩子点心和礼物的次数越少（只是偶尔给一下），用它们来激励孩子（比如在学校表现好）的次数越少，对孩子的影响就会越积极（或者不那么消极）。

关于给予奖励的另一个重要观点是，在某种重要意义上，它们需要公平。换句话说，人们需要感受到，他们获得的奖赏与他们的贡献是相称的，与他们周围其他人的收入相比是公平的。公平的奖赏意味着为组织付出更多的人将从组织中获得更多。但这是个棘手的问题，因为这个想法会诱使人们用奖赏来激励他人付出更多，这当然就突出了奖赏的控制方面。相反，通过淡化奖赏的激励作用，只将其视为工作环境的一个方面，那么，管理者可以将奖赏作为一种隐含的工作契约来公平地管理。如此一来，它就不太可能产生那些已经被证明有害的影响。

第 5 章

我能做到

带着胜任感面对人生挑战

在现代市场化企业中,人们的行为和他们想要的结果之间的工具性(或者联系)已经被广泛地用来激励人们取得成就;而在某些经营不善的企业中,这些工具性却明显缺失。简单地讲,人们是不是高效地工作和生产,不会有任何影响,因此,他们只是以最低限度的努力来朝着企业的生产目标迈进。

我记得有一次参观一家外国制造企业的情景。我和我的翻译朱利安·乌苏诺夫(Julian Usunov)一同前往,公司总经理带我们四处参观。那天的参观安排在午后时分,我们走进一间宽敞的厂房,厂房里有几十个工位,每个工位都有一台加工金属的机器,比如车床、钻头、冲床等。我们进去时,看到一群闲散的工人坐着或站着聊天——满屋子都是美泰克公司(Maytag)的修理工。工人们看到我们(也就是"大老板")时,有的人慢条斯理地回到自己的工作岗位，有些人甚至动都懒得动。

对这些工人来说，工作的乐趣、令人满意的薪酬水平以及能不能保住工作，并不取决于他们的工作行为，因此，他们没有工作的内在动机。他们肯定不喜欢在那间又冷又脏的厂房里工作，操作那些机器，生产那些也许压根就没有任何用途的金属制品（库房里堆满了这种东西，它们根本就不会有任何用处），所以，他们也没有把工作干好的内在动机。此外，他们获得的微薄的外部奖赏也不能作为激励因素，因为他们不靠生产产品的数量或质量来获取报酬，而且，也不存在由于未能高效地工作而受到惩罚的威胁（当然，在那里工作的这个事实，本身就是一种惩罚）。

几年前，瑞安去了另一个国家。在那里，一位经理领着他参观一家工厂，他看到的景象和我看到的有几分相似。有一次，他看到大约8个人在一个补给站工作，那个补给站负责组织、储存和分发零配件。他观看工人操作几分钟后，对向导说："在我看来，只要3个人，也能干好同样的事情。他们七八个人，似乎只是在互相妨碍。"经理带着近乎轻蔑的语气回答说："是的，但是，如果只要3个人的话，其他人怎么办呢？"

明确行为与期望之间的联系

激励需要人们看到他们的行为与期望的结果之间的联系，而工具性允许人们看到这些行为与结果的联系。我们可以在经济体系、组织和两个人（如父母和子女）之间相互作用的层面上创造工具性。如果人们不相信他们的行为会带来他们想要的东西（不管工具性的缺乏到底是体系、组织的错还是处于优势地位的个人的错），他们就得不到激励。期望的结果可以是内在的满足，也可以是外部的奖励，但是，人们必须相信他们的行为将会产生某种结果，否则就没有动机去做事。这种动机，正是以上企业的工人普遍缺少的。人们不相信生产行为会带来任何有意义的结果，所以很少表现出高效率的行为。

市场经济意味着效率是最重要的，外部奖励的管理方式旨在使人们更有效率。行为与外部奖励之间的联系是市场经济体系的一个组成部分，它已被大多数人接受。

从以上分析中，我们可以发现一些有意思的特点：第一，没有适当的工具性，就不会产生动机和富有成效的行为；第二，工具性是一把双刃剑——它是促进动机产生的基础，但也是使外部控制产生深远负面影响的手段。

外部控制是一种激励形式，涉及运用工具性来迫使人们以特定方式行事，而有条件的外部奖励是使得控制作为一种激发工作效率的策略取得适度成功的原因。当然，问题是，控制会给人类带来各种重要的负面的后果。

我们的实验阐明的最重要一点（也是可以寄予希望的基础）是：尽管人们很容易将工具性用来控制，但不一定非要这样做。最有效的父母以非控制的方式而不是以控制的方式运用有条件的奖励，当他们这样做时，结果是非常积极的。经理、老师和教练同样如此。例如，在比较开明的公司，经理理解内在动机的重要性，因此设计出更有趣的工作，并且让员工有机会参与决策（也就是说，他们给员工以选择），如此一来，高效的行为将帮助提升员工的内在满意度。与此同时，他们不依赖有条件的外部奖励来激励员工的行为，而是简单地将奖励作为一种承认成就的手段。在这样的公司中，有条件的外部影响因素确实存在，即人们必须高效地工作才能保住饭碗，才能获得晋升，但是，这种条件并没有被强调为一种控制手段。

这一点在政策制定方面也极为重要。当决策者了解到可以采用自主的或控制的方式激励人们，而且在制度层面、组织层面和个人层面能够以支持自主的或控制的方式促进动机时，他们可能制定更加倾向于支持自主而不是控制行为的政策。在联邦、州和地方政府以及国有的和私营的企业中，无数的决策深刻影响着人们的生活。通过从支持自主而不是控制的角度来思考问题，决策会有所不同，对人们生活的影响也会有所不同。

有效的条件性奖励

生活处于正轨的人们知道他们需要做些什么来赚钱，获得大学学位，赢得上级表扬，获得成就感，为自己和家人创造大量机会。这些行为与结果之间的联系是我们生活的一部分，激发了很大一部分人的积极性。但是，社会中仍有些人未能获得有效的激励，因为他们无法获得条件性奖赏。

一些学生接受的糟糕的学校教育，对一些公民的气势偏见，以及对这些力量所产生的一种防御性的冷漠，都是导致社会未能激励某些人（也许是 1/4 的人口）的因素。因此，尽管社会中存在工具性，但工具性对某些人来说是无效的，因为这些人无法运用它。要使行为 – 结果联系成为激励因素，人们必须理解它们，将它们与自己的生活联系起来，并具备运用它们的能力。在内陆城市中的人口密集地区，到处都是因为看不到在主流社会生活的可能性而脱离主流社会的人。标准的工具性与他们的生活无关，他们生活在贫穷、暴力、对安全的未来缺乏现实的期望中。

悲惨的案例有很多，我们每天都在报纸上看到他们的消息，我也从在市内学校工作的朋友那里听说过他们的事情。我清楚地记得一个例子。一个头脑聪明且极具魅力的年轻人没能获得有意义的家庭支持，也没有一个有益的榜样。他在上八年级时开始贩毒，这意味着一夜暴富，所以他开始穿价格不菲的衣服、戴价值连城的珠宝。他的老师看到了他这种滑落到罪恶深渊的可能性，努力地接近他，可以说，比期望中付出了多得多的努力，但不幸的是，他还是在偏离的轨道上滑得更远，最终完全从校园里消失了。

从那以后，他的经历变得越发糟糕。他曾参与各种不法活动，例如涉嫌以销售宝石为名打诈骗电话，结果被判入狱数月。他还有一系列的经济问题，比如买了一辆车，还没付款就把它弄坏了。显然，他欠的外债很多，欠下的人情也数不胜数。有一次，一辆汽车在一条黑暗的路上撞了他，差点把他的右腿撞断。他相信自己是被一个债主撞了，也许确实如此。虽说他的腿经过治疗后没有被截肢，但一瘸一拐和无尽的疼痛一直在折磨着他，这对他来说一直是个问题。

这个毒贩之所以从社会掉队，是因为他从来没有学会在社会中立足，去完成学业、投入工作，等等。他尝试过一些在他的圈子里存在的简单而诱人的条件性奖赏，但这些只会让他陷入危险境地。

当然，由于缺乏有效的条件性奖赏而导致的动机缺失，既存在于社会层面，也存在于人际层面，影响着每一个人。我最近听说的另一个例子发生在一个美国中产阶级社区。之前提到过的学小提琴的 6 岁学生丽莎有一个和她同龄的邻居，名叫詹妮弗。两个女孩从小就是好朋友。不久前的一个周五的傍晚，詹妮弗的父亲告诉她，如果她整个周末都表现得很好，他会在周一晚上带她去玩具店，让她挑选自己喜欢的玩具。詹妮弗当然十分兴奋，整个晚上都表现得很好。她把所有的感受都藏在心里，以便在父亲眼里像个乖女孩。毕竟，他曾经强调，她必须真正做到非常优秀。

星期六早上，丽莎像往常一样去和詹妮弗玩耍。不到 15 分钟，两个女孩就一起回到了丽莎的家。事情是这样的：詹妮弗的母亲拒绝了詹妮弗的要求，她开始哭泣和颤抖。她一直藏在心里的情绪都开始显露出来。幸运的是，她父亲出差去了，所以不知道发生了什么事。丽莎对这类事情十分敏感，看到詹妮弗受了委屈，便邀请她到自己家里去，两个女孩在那里度过了一整天。

这种激励詹妮弗做个好女孩的策略有什么错呢？虽然奖励十分明显，但是，必须表现的行为却太过模糊，所以，她并没有真正理解这种工具性。"做个乖女孩"可以意味着很多事情，她觉得，这意味着要压抑她那些只会给她带来麻烦的负面情绪。这种感觉太强烈了，强烈到无法抑制。虽然她父亲不知道这件事，但这件事给她带来了极不愉快的经历，并没有让她按照父亲期待的那样行事。

要使外部动机成为激励因子，就必须明确应该做出哪些行为以及它们将会产生哪些结果。对詹妮弗来说，虽然结果是清晰的，但行为却并不清晰，所以她没有得到有效的激励。由于可理解的行为和期望的结果之间不存在明确的联系，因此人们发现自己缺乏成为社会有用成员的动机。

胜任：激发内在动机的第二个心理需要

虽然工具性对激励极为重要，但仅靠工具性，还不足以确保人们高水平地参与社会生产。人们还必须对工具性的行为感到胜任，此时工具性才能成为有效的激励因素。以前曾在罗切斯特大学人类动机项目中与我共事过的詹姆斯·康奈尔（James Connell）和艾伦·斯金纳（Ellen Skinner）总结了这些观点，他们认为，人们需要具备获得预期结果的策略和能力。

感到自己胜任，对外在动机和内在动机都很重要。无论行为是有助于获得外部结果（如获得奖金和晋升）还是有助于获得内在结果（如对任务的享受和个人成就感），人们都必须感到自己有足够的能力从事这些行为，以取得想要的结果。外部的条件性奖赏通常规定了人们需要怎样的能力才能胜任，换句话说，处于优势地位的人们常常需要处于劣势地位的人们拿出一定水平的绩效质量，才能给予他们外部结果。就内在结果而言，胜任力的问题与活动本身的乐趣更加紧密地交织在一起，这个问题已成为我们几个实验的焦点。

与内在动机相关的"奖赏"是当一个人自由地从事目标活动时

自发产生的愉悦感和成就感。因此，感觉胜任这项工作，是人们内在满足感的一个重要方面。这种感到自己效率颇高的感觉，本身就是一种满足，甚至可以成为你终生事业的主要动力。人们意识到，自己在一份工作上投入得越多，也就会做得越好，因此体验到的内在满足感也就更多。

实际上，这里有一个关于某家知名报纸的具有传奇色彩的"改写者"㊀的故事。这家伙对自己的工作十分在行，从中获得了极大的满足感，以至于对任何其他工作都不感兴趣。他不介意加班，似乎陶醉在自己工作的奇怪节奏中，一分钟前他还在和人下棋，一分钟后就急匆匆地根据突然传来的可怕的火灾或地震的消息，在电脑前敲出一则新闻故事。没有人会怀疑他接手改写的任何一则新闻故事，到头来都是既清新质朴，又真实可靠的。他非常擅长自己的工作，这份工作给了他巨大的内在满足感。

报社自然对他的才华评价很高，想把他培养成一名高薪的编辑，使他走上更加"重要"的工作岗位。但他是一位改写者！他喜欢这份工作带给他的挑战和兴奋，也享受他的一流作品带给他的成就感。他拒绝升职，即使他的老板几乎要强迫他接受。

几十年前，人格心理学家罗伯特·怀特（Robert White）写了一篇关于"胜任的概念"的引人关注的论文。他在论文中提出，人们非常渴望在与自身环境交互时感到强烈的胜任或高效，因此，胜任可以被视为人类的一种基本需求。显然，对于这位以具有挑战性的工作来定义自己人生的改写者来说，这一点十分正确，这份工作

㊀ "改写者"指根据现场记者或者其他消息源提供的信息来改写新闻报道的人，一般在报社内部工作。——译者注

也肯定会让他觉得自己十分胜任。

怀特的理论认为，在内在动机驱动的行为的背后，除了自主以外，还存在第二种重要的心理需求，即人们在胜任感的驱使下可能从事各种各样的活动，只为了增强自己的成就感。仔细想想，孩子们的好奇心（也就是他们学习的内在动机）在很大程度上可能归因于他们需要在与自身的世界打交道时感到胜任。

在罗切斯特大学附近的鹅卵石小学（Cobblestone Elementary School），重视高效感的动机培养。这所学校的教学楼是一座简陋的砖砌建筑，但它的教育方式是从思考孩子们需要什么才能有效学习和发展开始的。这十分罕见。

鹅卵石小学的教学楼外面没有攀爬架，也没有精致的玩具，但不管是哪一天，参观者都会看到孩子们玩得非常开心。在户外，7～8岁的孩子可能正在挖掘化石——或者是假想的化石。在室内，不识字的5岁儿童可能在玩棋盘游戏，一边玩一边制定游戏规则。

所有这些都不是"无组织的"，老师们也没有忽视孩子们或者放任他们自由地做他们想做的任何事情。相反，老师们指导孩子、鼓励孩子反思他们做过的事情，同时，年长的孩子也指导年幼的孩子，为他们树立榜样，让他们效仿。当然，年幼的孩子渴望做一些事情，并且受到这种渴望的驱使。他们渴望取得成就、完成学业和不断学习，受到关心他们发展的长辈的引导。在这些孩子身上，我们可以欣喜地看到正在发挥作用的内在动机，也就是表现出探索和实验的倾向以及对新奇事物的渴望，同时，他们对胜任感的需求也是一个重要的激励因素。

当一个人接受挑战，并且在他自己看来确实遇到了最理想的挑战时，这种对胜任感的需求就产生了。"最理想的挑战"是这里的一个关键概念。能够胜任微不足道的简单事情，并不能增强胜任感，只有当一个人朝着取得成就努力时，才会自然而然地产生胜任感。就像鹅卵石小学的孩子一样，我们每个人都在自发地想要考验自己和探索环境，我们都在设法掌控局面，努力肯定自己的能力。人们要想感到自己胜任，不一定非要做到最好或者拿第一，也不一定非得取得"A"的成绩，人们只需要接受有意义的个人挑战，并且全力以赴，就能感到自己是胜任的。

非控制性的赞美

如果确实存在对胜任的内在需要，那么，胜任的感受应当影响人们的内在动机。为了验证这一点，我做了个简单的实验。在实验中，我安排了两组研究对象，其中一组在拼拼图方面相对成功，另一组相对失败。之所以能够做出这种区分，是因为我为两组研究对象选择的拼图在难度水平上有很大不同，但看起来有些相似。不出所料，那些看到有证据表明自己原来能够胜任的人，比那些看到有证据表明自己相对无能的人，受到了更强的内在激励。

感知到的胜任与内在动机相关的这一事实，直接导向了一系列非常重要的问题，这些问题涉及怎样给予人们反馈。例如，表扬他人的成果是否有助于人们产生内在动机？表扬是一种外在奖励，但它不同于目前所讨论的其他奖励。它不像金钱那样有形，也没那么直白——你永远不会听到有人说："如果你做了这样或那样的事，我会表扬你的。"尽管如此,表扬仍被广泛用作一种奖励,专家经常鼓励人们在工作、家庭、学校和整个日常生活中把表扬作为一种激励。人们相信表扬能够奏效。他们认为,如果称赞某人做了一件有价值的事,会使得那个人感觉更好,从而更有可能再次做出期望的行为。

科罗拉多大学工业心理学家韦恩·卡西欧(Wayne Cascio)、新泽西州临床心理学家朱迪斯·克鲁塞尔(Judith Krusell)和我做了另一个简单的实验。我们向一半的研究对象给出了一些正面的反馈,比如"很好,你比大多数人拼得更快",但是没有向另一半研究对象给予任何反馈。因为在这项任务中,人们无法判断自己做得有多好,所以,无论他们实际做得如何,我们都有可能给出可信的积极反馈。每组实验对象中有一半是男性,一半是女性。实验结果确实非常惊人,由于结果太出乎意料,我们感到有必要进行重复检验,再做一次实验。结果表明,在这两种情况下,表扬男性会增强他们的内在动机,但是表扬女性会削弱她们的内在动机。很明显,女性被赞美所吸引,而男性则被赞美所激发,因为赞美纯粹地肯定了他们的成功——意味着他们是能够胜任的。但为什么会这样呢?

显然,考虑一下时代的一般社会条件,可能有助于解释这一现象。在20世纪70年代中期,当时最主流的看法之一是,人们意识到,在整个童年时期,男性和女性是以不同的方式社会化的(当然,现在这么说似乎是老生常谈)。人们认为男孩更爱冒险,女孩不那么爱冒险;人们预料男孩专注于成功,女孩专注于人际关系。女权主义者以及我们中的许多人都相信,现代女性在获得成就方面受到了歧视。通过散布在社会之中的隐性信息,女性得知,胜任各种不同任务,对她们来说并不像对男性来说那么重要,与此同时,她们形成了一种对表扬的过敏症，因为人们经常告诉她们，要多对他人说赞美的话。这种极度敏感，显然使得我们研究中的女性参与者将表扬视为一种控制，她们很快就学会将拼拼图视为一种获得表扬的方式，而不是一种带来内在满足感的方式。

当然，这些结果具有煽动性，引发了争议，也促使人们开展进一步的实验。例如，瑞安对"所有的正面反馈都将破坏女性的内在动机"这种结论表示怀疑，于是决定使用两组不同的正面反馈，其中一组由控制的语句组成（使用"达到预期"和"做你该做的"等措辞），另一组由根本不带控制的语句组成（没有提到"应该"、期望和社会比较的信息，只是简单的一句话，比如"你做得很好"）。结果发现，控制性的表扬降低了每个人的内在动机（不论是男性还是女性都一样），而非控制性的表扬使得每个人的兴趣和恒心都保持在较高水平。

重点是，正如瑞安的研究表明的那样，表扬可以明显是非控制性的，也可以明显是控制性的。或者，它也可能有点模棱两可，就像我、卡西欧和克鲁塞尔做的研究一样。如果表扬是非控制性的，它会增强人们的内在动机；如果表扬是控制性的，它会削弱人们的内在动机；如果表扬是模糊的，不知道究竟是控制性的还是非控制性的，那么，女性和男性可能会对其有不同的解释。女性看起来比男性更有可能将其体验为控制性的。

这项研究强调了这样一个事实：即使是作为人与人之间相互奖励的表扬，也可能对接受表扬的人的快乐和动机产生负面影响，问题的关键是控制。因此，当你运用赞美时，一定要注意你的意图。你是在鼓励别人做更多事情，还是在巧妙地控制？赞扬、奖励、界限，如果你想用一种不破坏内在动机的方式运用它们,就必须尽力减少控制性的语言、控制性的方式,以及你自己控制他人行为的意图。

不幸的是,父母、教练或媒体评论员常常采用强加控制的外部标准,他们以评估的和控制的方式运用反馈与奖励。例如,为了激励孩子或运动员从事可以获得胜任感的活动,人们往往会采取控制的方式,这样一来,就扰乱了孩子或运动员已然拥有的自然动机。

例如,在奥运会上,评论员谈论一位在男子花样滑冰比赛中获得银牌的运动员的表现,就好像他是个令人失望的失败者,这确实令人惊讶。他是世界上排名第二的滑冰选手,却被当作失败者对待。当我们把一切都变成一场只有一个赢家的比赛时,就会出现这种情况。在比赛中,获胜比表现出色或成为一名优秀的运动员更重要。通过创造高度控制的人际环境,我们破坏了人们对胜任感的自然渴望。

我们不需要以这种方式对待竞争。竞争的真正作用可以被视为提供挑战(可以认为这是为人们提供一个考验自己并谋求进步的机会),并让人在这个过程中获得乐趣。获胜的压力是多余的。正如在第 3 章中约翰马歇尔·里夫和我的研究结果所指出的那样,日渐增大的压力会削弱内在动机。

真正的幸福来自对胜任与自主的共同追求

如今,许多社会和临床心理学家都在使用"感知到的胜任"的概念,斯坦福大学心理学家阿尔伯特·班杜拉(Albert Bandura)就是其中之一。他们一致认为，对于强烈的动机，认为自己是高效的这种重要感觉是必不可少的。不过，他们没有意识到，感知到的胜任必定伴随着对最积极结果的自主的体验。当人们获得了处理自己的事务以及应对周边世界的能力时，当他们在这方面变得更加自主时，就会显得更加高效，洋溢着更大的幸福感。但是，仅仅获得能力是不够的，当个有能力的"棋子"，在自己干得十分出色的活动中做到高效，但没有感受到真正的意愿和自我决定，这样并不能提升内在动机和总体幸福感。当然，最坏的情况是缺乏感知到的胜任和感知到的自主，这很容易导致不健康的情形出现，比如抑郁（这是一种极度缺乏动机的状态，它会导致绝望甚至死亡）。不仅这样，研究还显示，人们在没有感知到自主的情况下而仅感知到胜任，也会产生负面影响。

我们在生活中经常遇到这个问题。例如，当认识到胜任的重要性后，许多成年人会给孩子设置挑战，然后逼迫他们克服这些困难。特别是，如果孩子表现出了天赋，成年人给他们设置的挑战可能很难完成，导致孩子的压力骤然变大。但是，即使成年人是出于好心，这种方法也存在两个问题。首先，如果挑战不是最理想的（假如它不在孩子的掌控范围内），那就无法激励孩子。其次，挑战必须伴随着对自主的支持而不是控制，这样才能产生最好的结果。事实上，当成年人支持自主时，他们几乎肯定会提供最理想的挑战，因为支持自主需要从他人的角度出发。当人们这样做时，就会明白什么对他人是最理想的。给他人带来挑战，让他们最终感到胜任和自主，将激发更大的活力、动机和幸福感。

自主促进成长和健康，因为它允许人们体验自己的真实感受，做自己行动的发起者。没有自主意识而仅仅感知到胜任或者游刃有余是不够的,因为,只是成为胜任感的傀儡,并不能滋养人性。在这种情况下,生命的本质是缺失的。

在好奇心和兴趣的推动下,对胜任和自主的共同追求是一种互补的成长力量,使得人们在一生中不断取得成就并且不断学习。目前报告的研究以及之后的研究都十分清楚地表明,在各个层面上,感到胜任和自主并且主导自己生活的人,都比不具备这种胜任感和自主感的人过得好得多。

用支持自主的方式提出批评

如果正面反馈可能通过减少感知到的自主而对动机和绩效产生潜在的有害影响,那么,负面反馈的情况又是怎样的呢?答案当然非常清楚:它的破坏性大得多。实验也证明了这一点。当人们听说自己表现不佳时,会感到无能和受控制,所有的内在动机都将被耗尽。

但是,并不能仅仅因为负面反馈可能产生消极影响,作为家长、老师或经理的我们就去忽视糟糕的表现。负面的反馈,与奖励、界限以及正面的反馈一样,其作用都取决于你如何去给予和设定。

我曾经有位学生是一名中年女士,她当时正攻读护理博士学位,在大学的医学中心管理学习护理的学生。一天,她在课堂上提出了一个实际问题。故事的核心是该对一位年轻的护士说些什么。这位护士错误地为一名男子插入了静脉输液管,这个错误导致气泡进入静脉输液管。当然，这可能是个非常严重的错误，但幸运的是，她的同事注意到并且指出了这一点，该男子没有受到伤害。我的这位学生问道："关于这件事，对这位年轻护士说些什么才合适呢？"

班里的另一位心理学博士生回答说："你应该向她指出，这是一个多么严重的错误，要确信她明白这对患者的潜在后果，并且告诉她，以后一定要更加小心。噢，还要指出，你不是在批评她本人，而是在批评她的行为。"其他学生表示同意这种方法。

这些话到底包含什么意思？首先，学生们一致认为，重要的是介入这个问题，这样的事情肯定不容忽视。其次，这些话的意思是指出可能的后果，并且指出了谨慎行事的重要性。再次，建议用一种关注行为而不是关注人的方式来表达反馈。这三点都是有意义的，在适当的情况下可以激发动机。所以，看起来都是对的。

但是，让我们停下来想一想。想象你自己现在就是那名年轻的护理学生。你能意识到这是一个可能带来可怕后果的严重错误吗？当然能。而且，几乎可以肯定的是，更加小心谨慎的告诫其实毫无意义。这位年轻女孩可能不知道她今后应该更小心吗？

于是我问全班同学："我们先问问她对这件事有什么想法，怎么样？"如果我们想要支持这位年轻的护理学员的自主，就要从她的角度出发来考虑。还有什么比邀请她分享她对这件事的看法更好呢？我接着说道："我敢打赌，如果你问她，她会把你认为有必要说的话都说出来。"事实上，作为一名护士和一个人，她可能会进一步批评她自己——这没有益处，所以，你可能最终不得不宽慰她。不然的话，她可能会非常自责地批评自己。

如果你能真正自主地支持学生、下属或任何你正在教导或监督的人，你会发现一件令人振奋的事情，那就是：这些人通常会非常准确地评估自己的表现。在大多数情况下，他们可能比你评估得更准确。但同样可以肯定的是，如果你和他们一起控制和评估，他们会采取防御、逃避的态度，完全可能责怪其他人。有些人则会非常自责，贬低自己，而不是将矛头指向其他人，但这两种类型的反应，都无助于高效地解决问题，也无法带来卓越的绩效。

为了最理想地解决问题和产生最出色的绩效，人们需要具有内在的动机。正如我们所看到的，这首先要从工具性开始（要在人们理解如何实现预期的结果的基础上开始），并且要让人们感到自己能够胜任工具性的活动。然后，它是由支持人们自主的人际关系环境促成的。有了这些重要的组成部分，人们就有可能制定自己的目标，提出自己的标准，监控自己的进展，并且实现不仅有利于自己而且有利于他们所属团体和组织的目标。

第二部分 人际联结的作用

Why We Do What We Do
Understanding Self-Motivation

第6章

走向自我的一致与和谐

发展的内在力量

　　心理学的历史和人格分裂的患者有些类似。它具有两种全然不同的身份，每一种都有着各自的研究领域和影响范围。心理学的第一种身份表现为对内在心理过程的研究，这些过程通常难以直接观察。心理学的第二种身份体现为对不同行为的重点关注。前者是始于西格蒙德·弗洛伊德（Sigmund Freud）的革命性成果的精神分析传统，它建立在这样的理念之上：人们的行为与感觉的理由，深藏于内心。因此，只有探寻自己的心灵深处，并且将那些内在的（通常是无意识的）动力带入意识之中，才能促成改变。后者是始于行为主义的实证传统，它假定人们行事的理由是自己获得的强化，因而可以通过在施加强化时进行精确调整，戏剧性地改变人们的生活。

　　人本主义心理学由精神分析传统发展而来，这一学派包括开创以来访者为中心的疗法的卡尔·罗杰斯（Carl Rogers）和完形疗法首创者弗里茨·皮尔斯（Fritz Perls）等人的研究成果。尽管学术界经常讨论精神分析传统与人本主义传统的差别，但两者实际上有着诸多共同特征。例如，两者都从动机和情感动力的角度理解人类的行为，都侧重于增强意识来为改变奠定基础，并且都使用观察和直接体验来建立理论。

实证传统中的行为主义理论则完全是另外一回事。它与精神分析心理学或人本主义心理学几乎毫无共同之处。这种理论最著名的拥护者 B. F. 斯金纳强调，心理学这门科学，应当聚焦于可观察行为以及强化这些行为的环境条件。根据科学规律，人们必须通过不同的调查来可靠地证实某种现象，才能将该现象作为事实加以接受。斯金纳坚持认为，将研究重点放在可观察行为及环境的强化物之上，有助于人们确保行为现象的可重复性。

数十年来，实证传统也已经发展演变了。如今，许多理论家着重研究个人的思想，而不仅仅侧重研究可观察行为和环境强化物。因此，对行为的解释，可以从人们对强化物的思考（他们的期望和阐释）的角度来进行，而不只从对强化物本身的客观描述来进行。所以，众多的现代实证心理学家（被称为认知理论家）已开始从"个人内心"探寻行为的原因，但他们很大程度上仍停留在人们的思想层面，没有更深入地探究内在动机。此外，现代实证主义者继续从机械论的角度来观察人们的行为。他们说，人类好比一台台处理信息的机器，像电脑那样运行，以解决问题、做出决策和采取行动。

心理学的这两种迷人却迥然相异的身份采用不同的方法探寻心理学领域的真理。心理动力取向的理论基础是临床经验，而实证取向则运用从科学实验中收集得来的数据的统计分析成果。当然，两种传统中的每一种都十分了解对方，但它们对待彼此的态度，有时是温和地忽视，有时则是强烈地蔑视。几乎没有哪位心理学家接受双方的成果，并以此为基础去做有关心理动力的科学研究。

随着我着手进行内在动机的研究，我面临着一个挑战：如何将这两种传统的一些重要方面综合起来。我决心使用实证研究方法，但是，内在动机的概念似乎不能用机械论的理念来表达。此外，我有一种直观的感觉，感到内在动机也只是我真正想要探索的更多现象的一个方面而已，而这些现象肯定需要从更类似于人本主义的出发点来开展研究。我们需要一种实证的人本主义。

人类发展的本质

颇具影响的儿童心理学家让·皮亚杰（Jean Piaget）评论道，儿童似乎觉得一切都是有生命的。有趣的是，与儿童的这种拟人化观点相对，许多实证心理学家秉持相反的观点，认为一切都是无生命的。这差不多是在说，人类也仅仅是像计算机一样的机器，没有了生机。

这种无生命的观点，即生命是无生命的这一假设，很容易用于实证研究，并从行为角度及认知角度来解释行为。但这种方法令人不安的一点是，它直接指引我们将人类的行为描述为受到外部力量的控制，这些外部力量可以刺激、胁迫、引诱和引领行为。就像程序员控制计算机一样，对人类行为的控制必须依靠精巧的激励因素。

社会学家塔尔科特·帕森斯（Talcott Parsons）提出了一种截然

不同但在功能上十分相似的观点。他把每个婴儿的出生描绘成野蛮人的入侵。他争辩说，人是活着的，但不是建设性地活着；他们活着，但他们是需要被驯服的野蛮人。这种"婴儿即野蛮人"的观点与"人是一种被动机制"的观点相似，两者都将儿童发展理解为控制行为的结果。两者都主张社会必须塑造人，都建议社会化的代理人必须塑造孩子的自我。简而言之，这两种观点都认为，发展是社会必须为儿童做的事情。

如果人不是等着被编程的机器，也不是等着被驯服的野蛮人，那是什么呢？他们是有机体，他们的天性是探索、发展和接受挑战，这并不是因为他们被编程了，也不是因为他们被迫这样做，而是天性使然。从这个角度来看，就像皮亚杰和海因茨·沃纳（Heinz Werner）等其他一些开创性的心理学家研究过的那样，发展是件完全不同的事情。这是一个更有建设性和更加人性化的问题。发展不是社会对儿童所做的事情，而是儿童在社会的支持和滋养下主动做的事情。

对于人类是有机体而不是机制的假设，是理查德·瑞安和我的动机观点的人文出发点。因此，我们计划继续阐明动机现象，从有机的、人本主义的假设出发，并且采用实证研究方法。

我们观点的核心是声明人们在主动与他们身边的世界交互的过程中，通过有机整合而发展。这意味着人类有这样一种基本趋势：他们在内心世界的组织中朝着更加一致和更加完整的方向发展。这也意味着，人类发展的内在本质是向内心深处的一致性与和谐迈进。

"整合是发展的核心特性"这一声明，有几个分支。它包含这样一种观点，即人们天生具有主动性，并且往往通过对环境的作用来产生影响，并在这个过程中学习和成长。当然，这只是说明人类内在动机的另一种方式。但同时，有机整合原则里还包含这样的理念：生命本身隐含着一种朝着更加复杂和更有组织的方向发展的趋势。人类的发展是一个过程，在此过程中，有机体不断地完善和提升他们对自己和身边世界的内在意识，以取得更大的一致性。因此，我们作为个体，一个核心特征是具有发展完整自我意识的冲动，而我们对于这种自然发展轨迹必需的生理和心理活动，是有着内在动机的。

和我们所说的有机整合的概念相类似的另一些概念，也可以在其他理论中找到。弗洛伊德更重要的贡献之一是提出了自我的整合功能，这意味着在整个人生中，人们都在努力使自己的经历连贯起来，事实上，也使他们人格的发展连贯起来。这个建议很像皮亚杰假设的组织原则，也与罗杰斯（以及他的同事、人本主义心理学家亚伯拉罕·马斯洛（Abraham Maslow））的主张十分相似，罗杰斯认为，人的内心有一种自我实现的倾向，使内心更加一致和完整。

在某种程度上，内在动机和有机整合可以被视为一种生命力，一种对隐含的发展方向的假设。瑞安、我及许多在不同领域的同事密切合作，一直在用实证方法研究这一系列的理念。内在动机的实验，代表了这一探索的初始阶段。

我们的实验表明，内在动机是一个有效的概念。由内在动机驱动的绩效，在很多方面都优于由外部控制驱动的绩效。支持和肯定人们感知到的自主与胜任的社会环境会增强内在动机；而削弱人们感知到的自主与胜任的社会环境会破坏内在动机。

虽然到目前为止，我们所讨论的每一个实验都涉及具体的行为

（以及它们与内在动机的关系），但把它们放在一起考虑时，它们开始涉及有关人类发展的更广泛的问题。换句话讲，你可以认为它们是直接相关的条件，这些条件培育了人类有机体的能量，推动了朝着整合人格发展的趋势。

为了更清楚地理解人格整合的含义，让我们假设有这样一个年轻人：他既是足球运动员，也是一名艺术家，他胜任这两种角色，而且对承担这两种角色都感到满足。这个年轻人还成功地参加了两种不同类型的球队。要让自己的这些不同方面找到表达方式，并且在表达每一个方面时都感到像自己，那他必须抵挡"非此即彼"的压力，要知道，刻板印象的强大力量，会强加给他错误的、不那么复杂的自我意识。这个年轻人需要保持对承担这两种角色的内在动机，来发展自己的这两个角色之间的和谐关系。

人格整合的发展，让你成为真正的自己，成为你能成为的人，这就是真实。当然，这并没有摆脱社会的影响。毫无疑问，这位年轻的艺术家运动员（或者运动员艺术家）之所以能够抵御压力，部分原因是他得到了一名或多名成年人的支持（如父母、教练、老师），这些人能够促进他的自主，整合他的性格的不同方面。成年人支持年轻人的自主，将促进年轻人的自然发展，使他们更加完整，更加真实。

内在动机与社会环境的互动

当你听到"内在动机和内在整合的趋势是天生的"时，你可能立即想知道，为什么你每天见到的人，主动性如此之弱，内心整合得如此之差。为什么我们学校里有这么多的孩子似乎缺乏活力和学习的动力？为什么有些人似乎只是受到害怕与绝望的驱使，害怕下一次考试，对不可避免的批评感到绝望？为什么有些人表现得像野蛮人，辱骂老师或者把整个地方都搞得乱七八糟？

当然，这些正是我们的研究一直在解决的问题，而研究结果表明，我们人类是一种天生就倾向于不断奋斗并蓬勃发展的有机体，但我们很容易受到控制并感到无能为力。即使在他人看来相对良好的情况下，比如依靠奖赏来激励业绩的情况下，一个人天生的成长驱动力也会严重减弱。如此一来，这个人就开始变得更像许多实验心理学家提出的被动机制，或者像塔尔科特·帕森斯所说的野蛮人——我们在内心都是野蛮人。

作为心理学家，瑞安和我用下面这个问题来描述上述一系列问题：为什么不同的人在整合的程度和活动的表现上存在这么大的个体差异？这当然是贯穿全书的核心问题之一，到目前为止阐述过的实验和例子提供了部分答案，从本质上讲，这是因为不同的人在他们的发展过程中暴露在不同程度的控制和消极环境中。

为了更加正式地描述我们的观点，我们从人与环境之间的辩证角度来看待人类的行为与体验，也就是说，从能动的有机体之间的互动（和潜在的对抗）的角度来看待，这些有机体努力争取团结和自主的社会环境，此环境要么培养人的有机倾向，要么对抗人的有机倾向。当社会环境中有足够的支持，以至于自然的、积极的倾向能够蓬勃发展时，就会出现整合。但是，如果环境中没有足够的支持，不仅会损害内在动机，而且还会殃及更加完整或连贯的自我意识的发展。

两种主要的环境可能使得人们对日常生活不满意。极端不一致或混乱的社会环境，使得人们不可能弄清楚社会对他们的期望是什么，不可能知道如何适当行事以取得内在或外在的结果，这致使人们在精神上普遍遭受挫败，缺乏动力。我们说，这种环境会产生"无动机"（amotivation）[⊖]。第二种环境不太明显，是本书主要关注的环境类型，即要求、强迫、刺激和哄骗人们以特定的方式行事、思考或感觉的控制性环境。这种环境促进了"自动机器"（automaton）的产生，也就是说，这种环境使得人们进行工具性推理，严格遵从要求。在某种意义上，这样的人没有活出全部的自我，偶尔会被迫反抗控制。

真正让人感到惊奇的是，正如我们的研究结果指出的那样，如果我们继续将人们当成被动的机制或者需要被控制的野蛮人，那么，他们的行为就会越来越朝着那样的方向发展。例如，当他们受到控制时，可能表现得越来越需要受到控制。这一事实使得一些评论人士得出结论，认为社会应当采取更多控制措施，让人们要求制定更加严格的纪律并采取更为严厉的手段。但具有讽刺意味的是，情况恰恰相反。这种现象理应使我们更加强调，现在是时候不再寻找那些依赖控制的简单答案了，而应当开始采用更多支持自主的方法。

⊖ 无动机是最缺少自我决定的动机类型。它的特点是个体认识不到他们的行为与行为结果之间的联系，对所从事的活动毫无兴趣，没有任何外在的或内在的调节行为来确保活动的正常进行。——译者注

一个厌食症案例

支持自主对人类发展的重要性，不但通过我们的研究，而且通过我们的临床工作得到了证实。我遇到过一个年轻女性，我暂且称她为斯蒂芬妮。她在童年时期经历了很多情感上的痛苦，尤其是在她 11 岁时，她母亲和情人一起私奔，11 岁的她和父亲相依为命。尽管压力很大，斯蒂芬妮在学校还是表现优异，考上了一所顶尖大学，攻读护理专业。然而，刚到大学，她面临的困难就开始令人担忧地浮出水面。她的朋友们注意到她变得很瘦，而且对食物有一种奇怪的联想，比如，她会把比萨上的奶酪刮掉，并且总是不加调料就吃沙拉。此外，尽管她已经非常瘦了，但还是采取极端的措施来减少卡路里的摄入。斯蒂芬妮的朋友们很关心她，也很了解她，坚持要她去一家进食障碍诊所看医生。此时，斯蒂芬妮体重只有 100 磅（约合 45 公斤）。

诊断的结果当然是神经性厌食症，诊所明确地告诉她该怎么办。临床医生想要通过行为矫正来改变斯蒂芬妮的饮食习惯，为她制定了饮食目标，规定了每日摄入的热量和如何增加体重。她得记录下自己吃的每样东西，如果体重继续下降到 95 磅（约合 43 公斤），就得接受更严格的饮食控制。斯蒂芬妮不得不签一份合同，表明她同意这个计划。

这种方法是纯粹的控制：辨别不良的行为，并设计一个控制程序，用理想的行为代替不良的行为。医生告诉斯蒂芬妮，如果她想避免自己的生活被施加更严格的控制，就必须证明自己有所进步。计划的后半部分是进行强化治疗。为了避免受到更加严格的控制，她必须多吃一些，这也是合理的。

但是，在治疗期间，斯蒂芬妮从来没有增加到目标体重。她的日志显示，她坚持了多吃点的要求，但体重还是继续下滑到了95磅的极限，她甚至还在每次去诊所检查之前先喝大量的水，使自己的体重上升。紧张的气氛越来越浓，斯蒂芬妮最终停止了治疗。

几个月后，斯蒂芬妮的一个朋友建议她和瑞安谈谈。瑞安的方法当然与之前的诊所医生截然不同。他不太关心具体的不良适应行为，而是更关心斯蒂芬妮内心究竟发生了什么改变，也就是她所处环境的心理动力方面。瑞安仔细倾听她说话，试图从她的角度看世界。例如，当她每次把奶酪从比萨上刮下来的时候，她的想法或感觉是什么？她在伪造日志的时候（她很快承认她这么做了），到底发生了什么？

瑞安了解到，尽管斯蒂芬妮很瘦，但她还是觉得自己很胖。不管别人怎么想，她的臀部在她看来宽得令人讨厌，大腿也显得很粗。但有趣的是，她对自己身体的这些感知，只有在她感到无能、挨批评或者被人评判的时候才会出现。随着治疗的进展，斯蒂芬妮能够渐渐地将令自己痛苦的脆弱与被母亲抛弃、被父亲过度控制等遭遇联系起来。她的父亲对她尽了最大努力，但显然无法独自抚养十几岁的女儿，这项任务对他来说太沉重了。

诊所里那些好心的医生试图通过行为矫正来改变斯蒂芬妮的生活方式，却无意中增强了已经对她产生负面影响的动力。那种缺乏同理心的倾听，让她想起母亲的离去，而诊所医生采取的控制方式，则让她想起自己与父亲的紧张关系。

瑞安在对斯蒂芬妮的治疗过程中从未把进食障碍作为讨论的

焦点。但你可以猜到，她当时正全神贯注地想着这件事，并且自动提起了这件事。她这么做时，明白了自己的不满足感如何直接导致严重的饮食问题。随着这些动机机制变得越发清晰，她不再觉得必须如此严格地控制自己的体重了。拥有一名支持自主的倾听者的经历，帮助她的自然发展过程回到正轨。

感知到的胜任与自主

实验一再表明，我也强调过，人们需要感到自己胜任和自主，才能保持内在动机，我现在认为，只有这样才能使人的发展自然地进行下去。在更直接地讨论发展问题并探讨发展研究之前，我想强调一点：说到胜任和自主时，真正重要的是个人的感知。要获得内在激励，人们需要认为自己是胜任和自主的，他们需要感到自己是高效的和自我决定的。别人的意见不起作用。

人们对胜任（或者不胜任）的看法，往往与他们在某些目标活动中的实际表现密切相关。研究表明，当人们在一项活动中取得成功时，可能认为自己更加胜任。他们赢得比赛和获得正面反馈时亦是如此。不过，他们的看法与客观数据并不总是相符。就像斯蒂芬妮觉得自己很胖而实际上很瘦一样，那些在生活中（比如在学校）表现良好的人们，可能觉得自己能力很不够。当这种情况发生时，显然有一些情绪过程在起作用，因为个人的表现和感知到的胜任之间的联系十分直接，以至于两者之间的这种差异通常很容易被发现。至于感知到的自主，这个问题稍稍棘手一些。

人们是否自主生活，关键在于内心深处是不是认为他们的行为就是自己的选择。这是一种感觉自由的心理状态，存在于行为者的心中。但是，这要求人们坦诚地看待问题。人们很可能说自己感到自由，甚至有点相信它，同时欺骗自己。当然，在这种情况下，人们不会表现出通常与自主相关的品质。

因为自主行为的问题（也就是整合发展的问题）关系到人们自身的行为体验，所以这个问题听起来可能神秘而难以捉摸。但毫无疑问，如果我们是自主的，就能感觉到自己的内心，至少直觉上是这样。我们可以知道（假如有兴趣知道的话），我们的行为何时是自发的或自我认可的；我们能够知晓，我们什么时候感兴趣、什么时候投入、什么时候充满活力。在这些时候，我们会有一种和谐的感觉，一种情感整合的感觉，自我的不同方面协同一致，即使自我与社会的期望并不同步。

同样可以肯定的是，我们知道我们什么时候受到控制。如果一位女性仅仅为了取悦医生或者因为她同事的委婉批评而努力戒烟，那么，假如她愿意倾听自己内心的声音，她会知道，这种努力不是自主的。如果一位男性因为反抗妻子坚持要他早点回家的要求而在外面待到很晚，那么，假如他愿意对自己诚实，他会知道，自己的行为并不自主。当人们要么服从控制，要么反抗控制时，就都不是自主的，而且，他们能够知道这一点。

人们有时候很自然地不愿意对自己诚实。当人们自欺欺人的时候，他们总是坚称他们就是在做自己真正想做的事情，而实际上是出于义务或恐惧去做的。但即便如此，他们可能在心底也有一种模糊的意识，觉得自己有些地方不太对劲，这种模糊意识，可以提供一种让人们更深入观察的线索。他们会感受到内心的紧张，并且注意到自己是多么固执。他们会变得多疑，因为他们知道"抗议太多"意味着什么。敏感的旁观者也可能会理解这种隐含的信号，因为人们很可能是僵硬的，缺乏自然的活力。

联结：激发内在动机的第三个心理需要

当卡尔·罗杰斯描述心理自由或者"全面发展"的人时，他变得欣喜若狂。罗杰斯说，这样一个人"完全投入在做自己的过程中，从而发现自己是完全而真实地融入社会的……"罗杰斯指出了瑞安和我认为的第三种内在心理需求。人们不仅需要胜任和自主，还需要在感受到这种胜任和自主的时候感受到与他人的联系。我们称之为联结（relatedness）的需要，即爱与被爱的需要，关心与被关心的需要。

早期的动机理论家着重关注性驱力（毫无疑问，这是一个重要的动机），但在这样做的时候，他们忽略了一个可能是人类持续活动的更重要的动机：对联结的心理渴望。甚至有人怀疑，许多性行为可能更多地与感受到被爱、被接纳、与人产生联系的冲动有关，而不是与满足性的冲动有关。

人们经常把自主的需要和联结的需要描绘成一对隐含的矛盾。他们说，你必须放弃自己的自主，才能与他人建立联系，但这只是对人类的一种错误描述。造成这种混淆的部分原因是把自主与独立等同了起来，它们实际上是两个截然不同的概念。

独立意味着为自己做事，不为个人的滋养和情感支持而依赖他人；相反，自主意味着自由行动，有一种自由意志和选择的感觉，因此，人们有可能既是独立的，又是自主的（能够自由地不依赖他人），或者，也有可能既是独立的，又是受控制的（感到被迫不去依赖他人）。想想下面的例子。

我在加利福尼亚有个朋友喜欢出海，不过我已经很多年没有见过他了。他经常把小船停在蒙特雷[⊖]附近，如果天气允许的话，每天早上 6:30 左右离开港口。在接下来的 10～12 个小时，他独自待在小船中。他告诉我，在茫茫大海之中，他感受到一种平和与满足，一种自然的感觉，他觉得这是在鱼、海浪和神圣的力量（如果我没记错的话）面前考验自己。当然，他并不完全是"一个人的孤岛"，他有妻儿，很爱他们，我过去见到他的时候，觉得跟他十分亲近。不过，他就是这样一个既自主又相对独立的人。他花大量的时间独处，依靠自己。

虽然我这个喜欢出海的朋友对自主与独立做出了良好示范，但我认识的大多数高度独立的人，都是被内在或外在的力量驱使而独立的。他们的独立或者说情感上的孤立，是受到控制的，这不是他们自己的选择。我想到了另一个人，他年轻的时候从来没有人可以依靠或信任。他那不可靠的父母逼着他要独立、要自立、要坚强。他的父母告诉他："永远不要相信任何人。"但实际上，正是父母的行为而不是言语，导致他不信任别人，并因此保持高度的独立。他一生中尽管结交了几个普通朋友，但始终未能与任何人建立起深厚的个人关系。

⊖ 美国一城市名。——译者注

独立的反义词是依赖，也就是依靠他人的人际支持。人们天生会与他人建立情感联系，然后又依靠他人，并且为他人提供依靠。依赖的动机是对联结的需要。它与爱相互交织在一起，而且，如果我们感到自主的依赖，那是自然的、有益的、健康的。

正如独立可以与自主或控制共存一样，依赖也可以与两者共存。自主的依赖实际上是一种很自然的状态。强迫或控制的依赖，也就是说，并非人们真正选择的依赖，则是适应不良的。依赖在我们的社会中经常受到不公正的指责，人们往往盲目迷恋独立，但他们需要自主和联结，而这两者的结合将产生适度的依赖，所以，它们之间应当有着十分积极的相互关联。

为了验证这一点，瑞安与研究生约翰·林奇（John Lynch）合作开展了一项研究，探讨青少年的独立和自主问题。到了高中阶段，青少年想要争取实现一定程度的独立，不再依赖父母，而且许多作家主张，在这个发展阶段，摒弃对家庭的依恋是一项关键任务。不过，瑞安和林奇发现，青少年在依赖父母的前提下表现自己的意愿或意志，而不是强烈地要求独立于父母而生活，对其发展的完整性和今后的幸福至关重要。当然，人们的依赖程度各不相同（回想一下我喜欢出海的朋友），但只要在依赖的时候是自主的，他们就会找到适合自己的依赖程度。

 第 7 章

自主地承担重要但无趣的事

当社会召唤时

不久前,我去了一家五金店,买了一小段管子。我找到了一段看起来合适的,但需要知道直径,于是向一名店员打招呼,请他帮忙。店员是个大约 18 岁的年轻人,看上去很讨人喜欢。他欣然拿起卷尺,举到管子跟前,看了一会儿卷尺,又看了看我,然后问道:"半英寸标记下面的标记是什么?"我一脸愕然,过了一会儿才回答。

当我带着我那根直径 7/16 英寸的管子开车回家时,这件事依然萦绕在我的脑海中。显然,这个年轻人善于待人接物,他可能是个高中毕业生,却不知道分数。在我看来,对几乎所有人来说,熟悉分数都是有用的,特别是那些需要定期测量的人。我想知道在这个年轻人身上到底发生了什么,他为什么不把学校里传授的一项最基本的技能学会呢?

一个原因可能是他觉得数学没意思，没有学习数学的内在动机。但这个例子恰好说明，有些时候，即使人们觉得学习某些东西毫无趣味，但那些东西对他们来说依然是有用的。这件事情引出了一个问题：如果一个人对行为本身没有动机，如果这个人觉得这件事没有意思，那么我们该如何促进期望的行为产生，比如努力学习。

我们身为社会化的代理人，扮演着家长、老师和经理等角色，我们的职责是鼓励他人去做许多他们可能觉得无聊但能使他们成为社会有用成员的事情。事实上，我们的职责不仅仅在于鼓励他们从事这些活动，而是比这更有挑战性。我们真正的职责是促使他们按照自己的意愿主动参加活动，以便当我们不再敦促他们时，他们也会继续自由地参与活动。

到现在为止，我们的讨论集中在那些使人们有内在动机去从事的活动，也就是人们出于兴趣完全愿意去做的事情。同时，我们有明确的证据表明，如果处在优势地位的人们采取行动提升那些接受他们教育或监管的人们的自主与胜任，那么，后者将保持兴趣和活力。现在我们正在考虑的是另一个不同的问题，却是大多数处于优势地位的人经常遇到的问题，与帮助人们在社会中发挥作用有关。在社会中，许多重要的活动是没有趣味的。如何激励人们从事这样的活动对社会来说是一个根本的问题。

社会价值观内化的两种类型：内摄与整合

多年来，这个问题已经被无数的理论家和其他观察家提到过。

他们经常用内化（internalization）这个词来描述个人接受社会价值观的具体过程。不过，对内化的不同分析，因其不同的哲学前提而有着很大的差异。对于内化的一种理解以人要么是被动的要么是野蛮的观点为起点——这一观点在上一章中已经描述过。从这个角度来看，内化的形成实质上是运用外部控制来对人们的行为进行"编程"。这种观点把社会化看成社会在人们身上做的事情，好比社会在书写人们的人生剧本，塑造他们，使他们在社会中合适的位置上立足。

相反，我们认为，人类具有各种心理倾向和能量，他们会根据自己的心理需求成长和发展。这种方法将内化看作一个主动的过程，在此过程中，发展中的孩子将外部要求转换为内部要求。想一想这样一个男孩，一开始时，他需要父母提醒和催促才把垃圾带出门，扔进垃圾桶，但久而久之，他会把父母要他倒垃圾的要求变成一个内部过程。在此过程中，他一直留意着垃圾，并在适当的时候把垃圾带出家门倒掉，不再需要父母的督促。这个男孩就将这条规则内化于心了。

以这种方式理解时，内化并不是父母对这个男孩做的事情（他的父母没有给他"编程"），而是男孩在监护人的帮助下主动做的事情。男孩接受了他父母要求他承担的责任。当然，社会化代理人在促进或阻碍儿童的内化方面发挥着重要作用，但父母并没有替他完成内化，孩子要自己内化。

乍一看上去，你可能觉得这像是个语义问题，像一句肤浅的行话，但远不是这么回事，这一观点的含义比表面上透露的意思多得多。从心理学的角度来讲，它揭示了人类发展的本质；从实际的角度来看，它为如何促进孩子、学生、员工、患者和公民的责任感指出了截然不同的道路。

规则的内化及其背后的价值观是个实际的例子，证明了人们普遍倾向于将他们身边世界的各个方面整合成一个不断扩大的、越来越统一的对"我们是谁"的表征。这也是我们所说的有机整合的实例。在"倒垃圾"的事例中，潜在的价值观是分担责任，使家庭顺利运转，而整合是一个过程，通过整合，这种价值观成为孩子发展自我的一部分。

为了与他人建立联系并与他人交往（也就是说，为了满足对联结的需要），孩子们会做出相应的调整，他们自然倾向于接受身边的群体与社会的价值观和规则。通过这些调整，即通过价值观及行为规范的内化，孩子们学会了在社会环境中游刃自如。但重要的是我们要意识到，内化有两种完全不同的类型，所以，仅仅将规则内化并不能保证自主或者真实的自我调节。

内化的两种类型，一种是内摄（introjection），弗里茨·皮尔斯把内摄比作全盘吞下一条规则，而不是消化它；另一种是整合，它包括"消化"，是内化的最佳形式。坚守一条推动你前进的严格规则（这条规则对你做出规定、提出要求并且贬低你的身份），并且按照这条规则行事，这意味着你只是将这条规则内摄了，并不能为活动被真正自主地执行打下基础。自主行事需要你将某条已经内化的规则作为自己的规则加以接受，规则必须成为你的一部分，必须与你的自我整合起来。通过整合，人们愿意为那些重要的但没有趣味的活动（也就是那些本身并不具备激励作用的活动）承担责任。

人们对自主的需求，即人们在自我管理时对内在因果的要求，为规则的整合（而不仅仅是内摄）提供了能量。因此，尽管对联结和胜任的需求可以激发内摄信念，但正是对自主的需求，才倡导将价值观或调控过程整合入自我。

人们常常接受他们所属群体的价值观和规则，并随之采取相应的行动。当这个过程不够充分时，就会导致内摄——也就是说，内化将以"应当"和"应该"的形式出现。可以这么说，内摄信念是一个人头脑中的声音，这些声音来自外部，并且发出命令——有时像是军事训练中一个心胸狭窄的中士，有时像是充满爱意的好心阿姨（尽管这依然是侵入脑海的声音）。当内化整合起来时，当它们成为某人真实的一面时，它们就允许更真实的行为和互动出现。

如果一个继承父亲事业的年轻人能够成功地整合这些体验，那么，他在事业追求上将是自主的。他会带着一种真正的选择意识做这件事，而不会感到是被迫去做的。但是，想一想当这个过程出错时，当人们只是部分地了解信息，说出一连串的"应当"和"应该"之类的词语时，会发生什么。这也许会产生各种可能的结果，而最常见的是死板的、尽职的服从。畅销书作家迈克尔·克赖顿（Michael Crichton）曾向一位采访他的记者讲过自己的故事，他说他为了当一名医生已经学习多年，这个目标让家人很高兴。他们显然认为，长大后当医生，对他来说是件正确的事情，也是他应该做的事，他自己多年来也赞同这个计划。但是，在经过各种训练之后，克赖顿并没有选择从事这一职业。相反，他做了自己真正想做的事，那就是写作。他告诉记者，这个决定吓坏了他的家人。

当然，我既不认识克赖顿，也不认识他的家人，但是，从表面上看，这个例子似乎是这样的："应当"和"应该"驱动着一个能力极强的年轻人花大量时间为医生这个职业做准备，但他几乎没有任何兴趣从事这个职业，而在他准备的那段时间里，他受到强烈的内摄信念的控制，使得自己将蓬勃的精力和热情投入医学的学习中去。对克赖顿来说，幸运的是，他能够使自己从这些内摄信念中解脱出来，继续自己想干的事业。但在更常见的情况下，人们终其一生都受到内摄信念的控制。

当一系列的内摄信念对某个人的控制没有那么牢固时，第二种可能的反应就会出现。其结果是人们半心半意地坚持。有人给我讲了一个年轻人接管家族企业的事，年轻人并未将接管家族企业这件事情整合入自己内心，他之所以这么做，是因为他觉得自己应该这么做，但在这个过程中，他真的感到很无力。这使得他以一种矛盾的心态经营公司，最终导致公司经营失败。他抱怨事情的进展缓慢，为糟糕的事态找了无数的借口，但还是坚持了下来，因为他无法从这些内摄信念中解脱出来。这些内摄信念对他的控制强大到足以使他继续经营公司，但不足以让他全身心地投入公司的经营。

第三种可能性是，这个人的反抗倾向可能主导着他，导致了他彻底的反抗。很多人听说过这样的故事：某个律师的儿子，尽管背负着长大后要继续当律师的压力，但最后不但没有走上律师的职业道路，而且让自己深陷法律纠纷之中；一位牧师的女儿长大后成为彻头彻尾的无神论者，直言不讳地抨击牧师的职业。在这些情况下，我们很可能看到父母的价值观被内摄到子女身上，但子女却极力反抗，仿佛是在告诉那些内摄的价值观（以及最初给他们施加压力的父母）："你们不可能控制我，我会向你们表明这里谁说了算！"

因此，内摄的价值观和规则可能导致各种各样的结果，但这些都不是最理想的。显然，这种半心半意的服从以及彻底的反叛，对双方都没有好处。而且，虽然死板的服从可能会使社会化代理人感到高兴，但服从者将承受沉重的代价。

模范学生

在罗切斯特大学的一项研究中，理查德·瑞安和温迪·格罗尔尼克评估了小学生在多大程度上受到内摄的价值观和规则的激励，或者在多大程度上受到整合的价值观和规则的激励。两位研究者还让这些学生的老师给每个学生的积极性打分，并且问孩子自己，他们在学校里到底有多么努力地学习。至于学生在老师面前表现得多么积极，或者表现得多么努力想把学习搞好，在这些问题上，学生到底是更受内摄信念的控制，还是能将规则更好地整合入内心，并不重要。对规则高度内摄的学生，往往在老师看来非常积极，同样，对规则高度整合的学生，老师也认为他们非常积极。两种类型的学生都表明要刻苦学习，但是，他们之间的相似之处仅此而已。更加受到规则内摄控制的学生对学校生活极度焦虑，在面对失败的时候显得不适应，反观将规则更能整合入内心的学生，他们喜欢学校生活，并且在失败面前表现出更加健康的应对模式。

我们一定很多次看着自家孩子顺从地做功课、干家务，或者做别的事情。我们对自己说："啊哈，他们很有干劲嘛。"我们觉得一切都好。但是，也许我们应该再看一看，问问自己，他们到底真的是出于自己的意愿，还是出于希望获得家长的认可。如果是前者，那就一切都很好。但是，他们有可能是被内摄信念控制的，之所以刻苦学习，是因为他们认为自己应该这样做，认为这样做会得到表扬。如果是这种情况，这些孩子的内心可能会受到伤害。这种从内心萌发出来的对优异表现（以及获得好成绩）的压力，乍看上去可能挺好，但将带来高昂的代价。

这些年轻人的顺从可能以各种方式对他们不利。他们必定缺乏活力和热情，而这两者本该使他们觉得在校学习是一种快乐的体验，但是，更可悲的结果是，这种顺从让他们集中精力取悦他人，而不是找出什么适合自己。此外，这些安静、顺从的学生通常被认为是课堂上的模范学生，因而被老师忽视，老师以为他们是学习成功的榜样，不需要予以太多关注。（相反，那些吵吵闹闹、目中无人的学生会得到老师很多的关注。）顺从的学生没有得到足够的关注，也许是个悲剧，因为他们内心深处的情感（比如感到自己缺乏能力），本身就值得老师关注。这些感觉容易由不完整的内化产生，也就是说，由内摄产生而不是由整合产生，因为当人们对规则和评价进行内摄时，常常觉得自己不论怎么努力，都无法达到这些要求。

健康的内化需要社会支持

对于僵化规则的内化是内化过程难以有效发挥作用的一种表现。另一种更为极端的方式是完全不接受价值观和规则。比如，我在五金店遇到的那个年轻的店员，虽然这个例子微不足道，却代表了一个人没有将价值观和规则内化——在他的例子中，他需要内化的价值观和规则是熟练掌握分数。一个与之类似的例子是，在我看来，不重视使用传统的正确语言的趋势正变得相当明显。最近，我看到一个 30 岁的人写的一篇简短的自传体短文。他刚从一所久负盛名的大学毕业，并且继续攻读工商管理硕士。这篇短文是他求职申请中的一部分内容，开头是这样写的："When I was young, me and my family, lived in a small town."（我小的时候，我和我的家人住在一个小镇上。）我觉得很遗憾，他没有学会主格和宾格的区别。

这可能是一件相对琐碎的小事情，还有些事情更加麻烦。想一想那些没能将正规教育的价值观以及想办法养活自己的重要性内化于心的少女们，她们为了"能够关爱别人"而怀孕生子。实际上，她们想成为母亲的愿望是美好的，但她们在还没有学会照顾自己和孩子的时候就去当母亲，这种愿望就不是那么美好了。

为什么如此多的人似乎没有内化有助于健康生活的价值观和规则？这是一个有趣而重要的问题。假如像我建议的那样，人们自然而然就有动机去将在社会生活中有助于高效运转的方方面面都内化于心，情况会变成怎样呢？换句话讲，为什么那么多人不愿意做对他们有好处的事情呢？要理解这种看似矛盾的现象，我们必须回到之前提到的辩证关系上，也就是能动的有机体与社会环境之间的互动，这种互动既可以支持也可能阻止有机体自然的倾向。

如果你把一个生了根的鳄梨核放在一盆土里，它可能会长成一棵树，因为鳄梨的天性是自然生长。但是，并非所有土中的种子都能长成树，有的种子会枯萎和分解。这些种子无法茁壮成长的原因是气候不适宜或者缺乏必需的营养。它们需要阳光、需要水、需要合适的温度。尽管这些元素不会让树木生长，但它们是生长中的鳄梨需要的营养物质，是鳄梨自然生长所必需的。

同样地，人类的发展也需要心理营养来支持他们做自然要做的事情。为了内化和整合社会中的方方面面（这些对他们在社会中取得成功至关重要），他们必须在提供内化结构的社会环境中满足自己的基本心理需求，即自主、胜任和联结。

支持自主以促进社会价值观的整合

所有孩子都面临着这样的挑战：既要响应社会召唤，又不能被社会压倒或扼杀。他们必须找到一种办法，使自己既能与社会接轨，又能实现内在自我的完整。很大程度上，这些年轻人在尝试做到真实与负责任方面是否成功，取决于他们所处的社会环境的质量；而社会环境的质量，取决于它是否提供了年轻人需要的"滋养"；社会环境是否提供年轻人需要的"滋养"，又取决于它是否能让他们在满足心理需求的同时内化社会的价值观和规则。

格罗尔尼克和瑞安开展的一部分内化研究，探讨了促进外部价值观和规则有效整合的家庭生活的质量。研究人员在一个人口结构多样化的农村社区对小学生的父母进行了结构化访谈。他们在家里分别采访每一位家长，然后走进依柱子而建的活动房屋，这些房屋紧紧地挨在一起。他们会走进刚刚粉刷一新的维多利亚式大房子，大房子里摆放着闪闪发光且别具特色的白色姜饼；他们也会走进破败不堪的小农舍，农舍的院子里有鸡和生锈的卡车底盘。在每一个案例中，采访者都会提出一系列的问题，比如父母如何处理孩子的家庭作业，以及如何解决孩子干家务活这个人们常常觉得棘手的问题。

格罗尔尼克和瑞安主要对两件事感兴趣：一是父母在多大程度上支持孩子的自主，而不是对孩子的行为施加压力和进行控制；二是父母真正投入的程度，也就是投入多少时间和精力与孩子一同解决这些问题。研究人员发现，在这两个方面，父母的表现可谓各色各样：有的似乎忽视了自己的孩子，希望一切都好；有的要求苛刻、吹毛求疵；有的扼杀孩子天性；有的在不冒犯或贬低孩子的情况下鼓励他们。

研究人员还进入当地的学校收集孩子的数据。他们主要想了解孩子在多大程度上内化了学校的价值观，即做好家庭作业和积极参加学校活动等价值观。可以肯定的是，当父母支持孩子自主并且和孩子一同参与时，也就是当父母和孩子探讨学业并在遇到问题时为孩子提供帮助，孩子就能很好地内化这些价值观。这样的孩子认为学校的活动很重要，愿意承担更多的责任。

而且，孩子对价值观的内化与整合越充分，取得的成就就越大，也能做出更好的调整。通过把在学校表现出色（以及在家里帮父母做家务）的价值观内化，年轻的孩子变得更有责任感，也洋溢着更大的幸福感。特别有趣的是，支持孩子的自主，对于孩子保持内在动机并因此变得更富创造性、更能深入地处理信息、更加喜爱他们的活动等，都是至关重要的背景因素。同时，事实也证明，支持自主对于促进那些重要但没有趣味的活动的动机内化与整合，同样十分关键。

在某种程度上，支持自主意味着将他人（即我们的孩子、学生和员工）视为值得支持的能动的人，而不是把他们当成为满足我们自己的需要而被操纵的对象。这意味着，我们在和他们沟通时，要从他们的角度看问题，从他们的视角看世界。当然，支持自主还可能需要做更多，但是，作为社会化代理人，这是我们的责任。我们期望别人负责任，就必须接受自己作为他们的社会化代理人的责任。

虽然支持自主以促进整合的概念相当抽象，但这可以转化为送给社会化代理人的具体建议。为了做到这一点，我决定在哈琳·伊格拉里（Haleh Eghrari）、布莱恩·帕特里克（Brian Patrick）和迪恩·利昂（Dean Leone）这3名研究生的帮助下进行一个实验。我们让一组研究对象参与一项非常无趣的任务：观察电脑屏幕，警惕里面出现的小点。我们假设，以下呈现任务的三个特定方面，对于促进整合非常重要。

第一，为这种无趣的行为提供一个合理的原因似乎是必要的。例如，当你让孩子捡起地板上的玩具时，你可能解释说，把玩具捡起来，就不会踩坏或者遗失它了。在实验中，我们解释道，让研究对象完成这种保持警惕的任务，是为了提高他们的专注度。毕竟，这是一项类似于训练空中交通管制员的任务。第二，承认人们可能不想做别人要求他们做的事情似乎十分重要。你可能还记得，这种承认他人感受的做法，在科斯特纳、瑞安和他们的同事为鼓励孩子们保持整洁而设定界限的研究中也很关键，这可以防止设定的界限削弱孩子的内在动机。在这里，我们希望这样做能帮助研究对象整合那些针对无趣行为的规则。第三，我们认为重要的是，我们在发起这项活动时，要在说话和做事的时候尽量不给研究对象施压。我们的请求应当更像是邀请而不是要求，强调选择而不是控制。

我们设计这个实验，目的是使研究人员的不同行为作为实验条件（提出理由、承认感受和尽量不施加压力）要么存在，要么不存在。这些因素事实上的确起了很大作用。这三种行为中的每一种，都促进了内化的发生：它们出现时研究对象的内化程度比不出现时更高。内化的表现是指研究对象晚些时候会再次做这项任务，也就是说，把他们随后的自由活动时间花在这项任务上，而不是花在其他事情上，比如阅读杂志。

然而，还有另一个更重要的发现。实验结果表明，如果研究对象在这些支持自主的行为（提出理由、承认感受和尽量不施加压力）出现时内化了某条规则，那他们也就整合了该规则。这对我们来说是显而易见的，因为他们在随后的行为中感到自由，并表现出对任务的喜爱，而且，他们相信这对他们个人来说很重要。他们带着真正的意愿去做这件事。

相反，如果内化发生在控制的环境中，缺少上述三种重要的促进行为（以及在那些只是在一定程度上支持自主的环境中），内化就会采取内摄而不是整合的形式。即使这些人后来确实也做出了该行为，他们还是感到不自由、不喜欢，而且不相信它对个人很重要。他们已经接受了"应该做"的想法，步履沉重地继续向前走，好比待宰的羔羊。

尽管控制的情境促成了一些内化，但其程度不如支持自主的情境。这是一个重要发现，因为它使我们能够理解另一些着重研究人类行为的心理学家的报告，这些报告认为人们可以通过控制的力量来实现"社会化"。控制似乎确实能够产生一些内化，但控制情境中的内化程度低于支持自主情境中的内化，而且这种内化是不完整的——只是内摄。

旁观者可能会将那些内摄的人描述为负责任的、做正确事情的人，正如格罗尼尔克和瑞安研究中的老师认为内摄的学生积极主动一样。但是，这些因为内摄而产生负责任行为的人，却要为伴随这种形式内化而产生的不愉快情绪和其他负面后果付出代价。因为另一种选择（因为整合而产生负责任行为）不仅更人性化，而且更加高效，所以我们要努力促进整合，而不是强加严格的纪律，这似乎很重要，因为这种纪律的负面效果是促进内摄，并且给被社会化的人们带来巨大的心理代价。

真正的自主要对他人负责

对于联结的内在需求导致人们加入团体，最初是核心家庭，然后是更大的团体，然后是社会，最后是（人们希望的）全球社区。这种需求，无论是好是坏，都打开了人们社会化的大门。当人们属于某个团体时，这个团体就成了他们身份的一部分，他们自然倾向于接受其价值观和道德观。在很大程度上，这是责任感发展的过程。

瑞安和我坚信人本主义的信念：重要的是做到真实，做自己，走自己的路。但同样明显的是，我们重视责任。提倡自主并不意味着要求自我放纵，因为真正的自主包括为他人的幸福负责任。对与他人互相联系的需要，会让人们自然而然接受和吸收文化的某些方面，从而做出富有成效的贡献，而一些重要人物对自主的支持，有助于这一点的实现。个人对联结的需求，加上社会化代理人对自主的支持，使得人们富有责任感，因为他们变得真正自由了。这就是社会化的含义，至少在积极健康的意义上是这样。

因为对自己诚实通常被人视为做自己的事情的利己主义，所以，真实常常被人们曲解为不负责任的正当理由，受到持有这种观点的批评者的抨击。一个人自私地、利己地做自己的事情，实际上是不负责任的，可能产生明显的负面后果。但是，这些行为是不真实的，它们不是人类自主的表现，不是真正自我的体现。

谴责真实性需要的作者，在以他们自己的方式不负责任地行事。他们打着负责任的旗号，呼吁进行控制，但这种控制有害于人类发展，进而使人们不负责任。例如，艾伦·布鲁姆在《美国精神的封闭》(*The Closing of the American Mind*)一书中写道："别人告诉我们，内心健康的人会真正关心他人。对此我只能回答，如果你相信这个，就能相信任何事情。"由于布鲁姆对真实的描述是肤浅和不准确的（因为他没有认识到，人类对自主和联结的需求，既是重要的，又是互补的），所以他的讨论只会使我们对这些问题的思考更加混乱。

变得自私、自恋或叛逆的人不但不会"关心他人"，而且会不负责任地行事。这些情形源于他们对自主和联结的基本需求未得到满足。这种结果是由冷漠和控制或者混乱和纵容的养育所导致的。在这样的环境中，人们无法变得真实，也无法变得负责任。

支持自主不等于纵容

支持自主与纵容是两回事，这一点无论怎么强调都不为过。尽管如此，人们常常把支持自主的概念解释为让他人随心所欲。我记得有一天，我和一个朋友在他位于费城郊区的家里喝咖啡。他3岁左右的女儿贝姬从后院走了进来，手里拿着一个橡皮球。我朋友说道："贝姬，把球放在门外。"贝姬继续往前走，好像一个字也没听见。"贝姬，请你把球放在外面。"爸爸说道，但贝姬还在走。我的朋友转向我，继续我们的谈话。见此情景，我惊呆了。

我的朋友不是支持自主，他这是纵容。他没有设定界限，在管理行为后果时也不一致。结果，他不但没有得到他想要的行为（让女儿把球放在屋子外面），而且干扰了女儿的内化和社会化。如果没有界限、没有组织、没有需要内化的规则，就不会有内化。

纵容很容易，但支持自主很难。支持自主需要清晰、一致，并且以理解和共情的方式设定界限。有一次，在我就这个话题发表演讲之后，一位女性抗议道："支持自主是件好事，但并不总是公平的。"我不明白她的意思，鼓励她说得更具体些。她说："嗯，上周我有一个非常重要的商务会议，我的保姆没有准时赶到家里来，所以我开会迟到了。保姆是位画家，我打电话给他，问他在哪儿，他说他正在画一幅画，一时走不开。"这位女性进一步提出她的论据，对我说："你告诉过我，我应该支持他的自主，鼓励他的自我表达，但这让我很难过，这是不公平的。"

我同意她的看法，这确实不公平。我还说，如果我是她，可能不会再让那位保姆照看孩子了。他是一个画家，这很好，我会支持他内在的动机和创造力。但是，他跟我已经达成了协议，却没有履行协议，便是不负责任的。试图控制他，肯定不会有任何帮助，也就是说，要避免和他陷入争斗。但是，他如果这么不靠谱，不遵守协议，后果将是我不请他当保姆了。如果听任他不负责任，然后又继续让他照看孩子，就等同于纵容，这不是支持自主。

许多人认为，除了纵容之外，唯一的选择就是控制，也就是说，用高压手段让对方顺从。孩子经常犯错，有时候他们还不负责任，但是，无论是纵容还是施压，都不能产生最佳效果。相反，帮助孩子掌握应对困难局面的方法，并且让他们以健康的方式发展，需要支持他们的自主，而这首先要理解他们的处境。我们得设定界限，并且在处理行为后果方面保持一致，但重要的是要在理解孩子的情况下做到这些。

你看到的行为可能只是冰山一角，还有许多行为你并没有亲眼看见。也许女儿的不合作是一种报复父母的方式，也许儿子的行为是为了引起父母的注意。很多可能的处理方式，无论是忽视这些行为还是施加惩罚，都不是解决问题的答案。理解他们的感受和需求，同时让他们清楚这些界限和后果，是使得孩子做出正确的行为并且成为更好的自我调节者的途径。

在生活中做个负责任的家长、老师或经理，有时需要牺牲一些自己想要的东西，以便支持孩子、学生或员工的自主。例如，一位母亲可能已经计划了好几个星期，要在周六晚上去听一场特别的音乐会，但当周六到来时，却发现年幼的女儿病得很重，或者女儿因为一次可怕的经历而非常难过，需要母亲安慰。此时，母亲待在家里，就是负责任的做法——尽管这看起来不公平。

大多数人会为生病或受惊的孩子做出牺牲。但是，支持自主也可能需要做出不那么容易做出的牺牲。举个例子，假设一位父亲计划带全家去参加一个大型的家庭聚会，但在那天，他的儿子有一场重要的小联盟比赛，他不想让儿子的队友失望。这两件事都很重要，但年幼的儿子更喜欢和朋友在一起，他的愿望是值得的，这是他自己表达出来的愿望，也是对他作为团队一员的责任的一种真诚认可。对于父亲来说，让儿子有选择的权利，无疑也是一种对自主的支持，尽管这意味着儿子不能和所有的家人和亲戚在一起。这不是纵容，虽然会有点尴尬，而且可能与父亲想做的事情起冲突，但这是值得做的。

更为艰难的情形是，孩子一直不负责任。假设一位母亲事先让儿子别去碰孔雀石制作的犰狳，但儿子还是去碰了，并且将其打碎。尽管这样，我们还是要走支持自主的路。这意味着母亲要理解儿子的观点，直截了当地管理行为后果——不是惩罚，不是控制，而是执行她要求儿子不要碰那只犰狳时达成的协议（无论是含蓄的还是明确的）。支持自主意味着母亲会承担后果，但也会和儿子在一起，既努力理解他的想法，也帮助他理解她的观点。

似乎我在对不负责任的保姆和不负责任的儿子唱着不同的调子——给他们开出了不同的处方。从某种程度上说，这是因为这两种情况是不同的。不论是哪种情况，管理行为结果都很重要。虽然如此，但就儿子的例子而言，重要的是与他合作，促使他承担更大的责任，哪怕这需要做出一些牺牲。父母有责任促进孩子发展，即使孩子不负责任，在支持自主和促进发展方面多走一步也很重要。然而，在保姆的例子中，那位女性与保姆只有肤浅的商业雇用关系，她没有责任促进他的发展。不请他回来当保姆，就是在管理行为结果，但她没有必要再进一步了——当然，除非她自己愿意。如果他真的是她的雇员，一个为她全职工作的人，她会适当地承担更大的责任，但他不是。

支持自主和纵容很容易被混淆，部分的原因是，人们很难承认自己是在纵容，所以，他们把自己的纵容错当成了支持自主。我记得几年前的一个晚上，我在照顾我那位拉小提琴的朋友丽莎。我猜她那时大约 4 岁。夜逐渐深了，她变得越来越兴奋，到了刷牙、讲故事和睡觉的常规时间，她反而变得异常活跃。我就是这样一个人，经常思考如何设定界限，但我发现，那天晚上我很难去做我认为正确的事情，原因是我发觉难以给丽莎设定界限。这段经历对我来说是不安的，当我试探自己是否愿意面对这种情况时，尽管不太容易承认，真相还是变得非常清晰。我不愿意设定界限，哪怕是支持自主的界限，因为不知道为什么，我总是担心丽莎会因此不那么喜欢我。出于被一个 4 岁孩子喜欢的需要，我在逃避照顾孩子的责任。

设定界限不等于苛责

当今许多父母都过度劳累，因为他们试图在家庭和事业之间取得平衡，而这几乎是不可能的。正因为如此，很多父母没有足够的时间陪孩子，于是产生一种深深的内疚，因此纵容孩子，以减轻自己的负罪感。这和我面对丽莎时遇到的问题非常相似。

有些超负荷工作的父母对压力的反应是对孩子要求更多、批评更多，而不是纵容。在最糟糕的情况下，这些父母实际上是在对他们的孩子进行攻击。当孩子不像他们想的那样回应时，当孩子把他们逼到极限时，他们就会生气，甚至动手打孩子。我在当地超市的过道上和本地的家庭餐馆里看到过很多次这样的情况。父母对他们要做的事情感到压力极大，假如孩子干扰了他们的日程安排，他们就变得焦躁不安，最后会对孩子大喊大叫，或者猛烈推搡孩子。

任何一个孩子都能把父母逼到极限，尤其是当父母缺乏耐心等内在品质的时候。当父母、老师或经理累了，工作压力太大，或者被未完成的事情压得喘不过气来时，他们很容易要么变得纵容，要么在孩子、学生或员工没有按照他们的意愿行事时苛求、挑剔和辱骂他们。每个人都容易受到这种伤害，但重要的是，当人们实际上是在纵容时，不要自欺欺人地以为是在支持自主；当他们实际上是在冒犯时，也不要欺骗自己，说是在设定界限。

人们有权利感到自身的紧张情绪和冲突，但如果他们承认这些挫折，如果他们为这些挫折负起责任，那么，他们的孩子（或者学生、员工）将不太可能为这些挫折付出代价。意识到自身的内部压力和冲突，处于优势地位的人们将更加能够在他们教育、照料或监督的个人与社会之间促成有效的协调。

第 8 章

关于"应该、必须、不得不"的信念

社会中的自我

这些年来,我认识了数百名聪明而有成就的大学生,其中一件令我倍感惊讶的事情是,他们中的很多人告诉我,他们无法表达自己的真实感受和信念。他们说,如果他们这样做了,会感到自私或内疚,人们不会喜欢他们。他们因为害怕或羞愧而没能做真正的自己。

这些学生秉持关于他们应该是什么样的人、应该做些什么的内摄信念,而这些内摄信念已经牢牢植根于他们内心。有些学生甚至说,如果抛开"应该""必须"和"不得不"这些词,他们就没有真正的自我意识了。这些年轻人被类似这样的内摄信念所压倒,呈现出一种假象(表现出一种虚假的自我),因为他们已经与真实的自我失去了联系。他们接受外人强加的身份,通过严格地内摄信念而不是灵活地整合他们社会世界的各个方面来获得他人的认可。

我记得一个名叫亚瑟的年轻人的例子，他的思维非常活跃。他还是个孩子时，就开始质疑世界的本质，并形成了与这种质疑相一致的世界观，但这种行为对养育他的严厉家庭来说是一种诅咒。9岁那年，当他大声怀疑人生的意义时，他的母亲回答道："我们不会问这样的问题。"大约一年以后，当他若有所思地批评他父亲最喜欢的作家之一时，他的父亲则这样回应："你是谁？你觉得自己比这个伟人更优秀吗？"他父母每次都浇灭他好奇的天性，他必须学着不去说出自己的想法。事实上，他似乎对抽象的思想和宏大的理念都失去了兴趣。

他的家庭生活的故事其实很普遍，很多学生都跟我讲过类似的故事，不过，这个故事的结局比大多数人的更幸福。亚瑟非常聪明，当他考上大学，终于有人开始支持他独立思考时，他的好奇心逐渐被重新点燃，最终蓬勃发展。但在更普遍的情况下，受到这种控制型家庭环境影响的学生报告说，他们无法或者不愿寻找自己内心的力量和渴望。他们焦虑和害怕，如果他们与内在的自我接触，将会发生可怕的事情。

芭芭拉以前是我的学生，她写道，她总是努力满足别人，做他们想让她做的任何事。她接着写，这对她来说很好，没什么损失。但我十分了解她，芭芭拉写下这些的时候，她知道做别人想要她做的事，并不是她真正的选择，也不是她真正喜欢的。相反，在我看来，她是觉得自己不得不做别人想要她做的事，因为她害怕如果不做会有可怕的后果。

在最糟糕的情况下，学生们甚至无法用语言来表达，他们正受到内摄和他人要求的控制。他们不像芭芭拉那样有洞察力，甚至没有意识到自己在压抑内心的自我。我不得不从他们持续表现出的焦虑、刻板的行为模式，以及他们对自己该做什么的坚持中推断出他们当前面临的困境。这些学生实际上已经失去了与真实自我的联系，完全接受了内摄，绝望地想要得到认可，但没有留下任何真正的自我感觉，甚至无法承认这一点。他们内在自我的潜能消失了，成熟而真实的自我却从来没有发展起来，他们甚至不能面对这种自我。

加入诸如家庭或者社会之类的团体，有一种相关的风险，即人们也许会被迫放弃或者隐藏自己的真性情。他们可能觉得必须放弃他们的自主和真实自我，以适应社会。尽管代表着最理想发展的整合才最符合孩子和他们的社会化代理人双方的利益，而且，整合需要社会化代理人对自主和联结的支持，但是，太多的时候，社会化代理人往往违背孩子的意愿，在需要支持自主时企图用有条件的爱来控制孩子。如果自主与联结对立，其代价可能是人们的自我受到损害。

内摄形成的虚假自我

大多数现代心理学家和社会学家将自我看成是由社会"编程"的，这意味着人们对他们自己的感知，随着社会对他们的定义而发展。根据这种观点，当别人称赞你友善时，你才开始把自己看成一个友善的人。当别人担心你是否能成功时，你也会对自己取得成功的可能性产生怀疑。当别人打断你的活动，告诉你要怎样才能做得更好时，你就接受了"你不是十分胜任"的看法。对于这些理论家来说，无论社会将我们"编程"成什么样的人，那就是我们自我的构成要素。

这种"自我是由社会定义的"观点，其问题在于它没有区分真正的和虚假的自我，没有认识到我们每个人都从内在的自我（尽管它是新生的）开始，也没有意识到我们有能力不断完善和提升那个自我。因此，自我可以按照其本性发展，也可以由社会来"编程"，但这两个过程产生的自我将迥然不同。

然而，内在的自我并不是一个简单地随着时间推移而接受"基因编程"的实体。相反，它是一系列与世界相互作用的潜力、兴趣和能力。在任何时候，自我都是这种辩证关系发展的结果。当这个发展过程有效运行时，其结果就是真实的自我；当这个发展过程出错时，其结果就是不那么真实的自我。因此，自我的发展受到社会的显著影响，但是，自我并不是由社会建构的。相反，个体在自我发展中起着能动作用，真正的自我是在社会支持个体活动的同时发展的。

真正的自我始于内在的自我，源于我们内在的兴趣和潜力，源于整合我们体验的各个全新方面的有机体倾向。在完善和提升真实的自我时，人们会产生日益强烈的责任感。出于对自主、胜任和联结的需求，人们愿意为他人付出，也愿意给予他人需要的东西。整合了这些价值观和行为，人们会变得更有责任感，同时也保持着他们个人的自由感。

但是，真实自我的整合与发展，需要满足人的内在需求。当人们成长的社会环境支持自主时，也就是说，当这种环境提供了最理想的挑战、提供了选择及主动做事的机会时，真正的自我就会蓬勃发展。当社会接受人们的本真，在他们探索自己内在和外在环境的过程中给予他们爱时，真正的自我就会得到最理想的发展。但是，假如这些需求得不到满足，这个过程就会受阻。真正自我的发展需要支持自主——需要无条件的接纳和爱。

在现代社会中，最常见的一种约束方法是把爱、接纳和尊重的条件建立在人们以某种方式行事的基础上（也就是说，如果对方不按你要求的方式做，你就会收回爱、接纳和尊重）。这种收回爱的方法，潜藏于生活中的一个可悲方面，即在许多情况下，处于优势地位的人会使自主和联结相互对立。这并不意味着这些需求在本质上是对立的，而是说社会可以通过剥夺人们的自主并通过他们与别人联系的需求来控制他们，充分利用他们的弱点。为爱附加条件的做法是我们对待孩子（以及同龄人）的一种更具控制力的方式，因为这种做法迫使他们为了留住爱而放弃自主，否则就得"像孤岛一般生活"。

研究一再证实，控制的环境通过抑制整合和促进内摄损害了发展。因此，为爱附加条件的做法代表了人们（最明显的是父母）与他们自己作对的另一个例子。父母想方设法让孩子行为端正，威胁要收回对孩子的爱，在此过程中不仅阻碍了孩子对规则的内化，更重要的是阻碍了其真实自我的发展。

孩子接受价值观、规章制度和社会赋予他们的自我概念，是一个自然的过程，但当世界提供的一切都伴随着控制时，也就是说，当爱的获得与否取决于是否接受世界的价值观和规则时，那么，即便是最好的情况，孩子也只会将这些价值观和规则内摄，整个吞下去，而不是将它们整合到自我发展之中。

内摄的东西是不完整的，或者说不是真实自我的一部分，而是作为僵化的要求、概念和评价而存在，这些是虚假自我的基础。艾丽丝·米勒在《天才儿童的悲剧》(*The Drama of the Gifted Child*)一书中解释说，当孩子接受了控制型监护人希望他们拥有的身份时，虚假的自我就会发展。为了取悦父母并获得有条件的爱，孩子会逐渐凭直觉知道父母想要的是什么，自己需要做什么才能得到父母的爱并且避免控制型父母的责备。

内摄可以是强大的动力，无情地推动人们以特定方式思考、感受或行事。但内摄也有各种各样的副作用，这证明了内摄是一种不良的适应。内摄与焦虑有着密切的联系，而人们之所以焦虑，是因为他们生活在对失败和失去尊重的恐惧之中。内摄还伴随着一种内心的冲突，即在我们内心提出要求、哄骗和评价我们的内摄控制者与被指导和被批评的内部自我之间的冲突，这种冲突愈演愈烈。内摄是一个过程，它促使了虚假自我的出现，促使了一套僵化的规则和严格身份认同的出现，同时，它也是一个使人们失去与真实自我的联系的过程。

一次，我为一个20岁出头的男孩做心理治疗。他个子很高，穿着保守的双编织裤子，打着一条平淡无奇的领带。在和他打交道的过程中，我越来越意识到他多么缺乏表情，很像机器人，十分疲惫。随着治疗逐渐演变成对这位年轻人的专制父亲的讨论，我注意到他身体的某个小部分出现了一些变化：他紧握右拳，而这是他对自己感觉的一种表达。我请他把握紧的拳头打在另一只手的手掌中，他照做了。刹那间，他全身僵硬得令人吃惊，脸也扭曲了。一想到他可能会反击他的父亲，哪怕只是象征性地反击，他就感到非常不安，以至于几乎麻木了。他父亲认为他应该成为什么样的人，这成了他虚假的存在方式，这种虚假自我强大到难以置信，令他无法抗拒。

恐慌和僵硬慢慢消退了，不到一个小时，他多多少少恢复到了事件发生前的状态。他的内摄信念没受到丝毫影响，几乎就像事件没有发生过那样。事实上，这个年轻人发现，在接下来的面谈中甚至都很难讨论这件事，因为他对父亲的愤怒，让他觉得自己是个可怕的人。尽管如此，他还是瞥见了自己的问题所在，持续的治疗确实帮助他解决了对父亲的愤怒，甚至帮助他恢复了一些天生的活力，但这是一条艰难的道路。这个人在愤怒与恐惧的夹击下，失去了真正的自我意识，也失去了他生活的内在动机，这种内在动机能够激发他每天体验到自己的好奇心、奋斗精神和勇气。幸运的是，大量艰苦卓绝的工作让他重新找回了一点点内在动机。

自我卷入：有条件的自我价值过程

将有条件的爱和尊重作为一种控制手段，不仅会加强内摄，还会导致更加可悲的后果，那就是教会人们以有条件的方式尊重自己。就像他们曾经为了得到别人的爱和尊重而必须满足外界的要求一样，现在，他们还必须通过内摄信念来获得爱和尊重。他们觉得，只有在他们按照内摄信念的要求去做时，他们才是有价值的人。当我们的这位来访者正在生他父亲的气时，他觉得自己是个没有价值的人，这种有条件的自我价值的感觉，为内摄信念赋予了巨大的力量。事实上，这种内摄信念的力量实在太大，以至于当他敢于面对内摄信念时,几乎快要麻木了。

自我卷入(ego involvement)是心理学家用来定义人们感觉自身价值依赖于特定结果的过程的一个术语。当人们坚持内摄信念,而这些内摄信念又被有条件的价值所支撑时,这就被称为自我卷入。如果男人的价值感依赖于从工作中积累财富,他就是自我卷入于工作;如果女人的价值感依赖于在健身俱乐部赢得比赛,她就是自我卷入于运动。

瑞安和他的同事已经做了一些研究来探索自我卷入的影响。在一个典型的实验中,一组研究对象是自我卷入的,或者受到对自我的威胁的激励,而另一组则全身心地投入到任务之中,或者受到活动本身的兴趣和价值的激励。研究结果一致表明,自我卷入削弱了完成任务的内在动机,导致研究对象对表现产生了更多的压力、紧张和焦虑。

当人们受到他人有条件的尊重时,自我卷入就会发展,因此,它与价值观和规则的内摄密切相关。当自尊与表现挂钩时,人们会竭力维持一种假象。他们强迫自己以某种特定的方式在别人面前表现,这样才能自我感觉良好。这当然有损兴趣与热情。事实上,自我卷入会支持虚假的自我,同时继续破坏真实自我的发展。

当人们自我卷入时,他们关注的是自己在别人眼中的形象,所以总在评判自己的样子。例如,一个自我卷入的女孩会永远关注别人在考试中的表现,以便知道自己是否表现得"足够好"。

研究表明,自我卷入不但会削弱内在动机,而且正如人们预期的那样,它还会损害学习能力和创造力,使人们在任何需要灵活思考和解决问题的任务上的表现变差。自我卷入的僵化妨碍了有效的信息处理,它使得人们在思考问题时变得更肤浅。

简而言之，自我卷入建立在脆弱的自我意识之上，它不利于自主。因此，要变得更自主（更加自我决定），就需要人们从自我卷入中摆脱出来，并且逐渐放弃自我卷入。

梅尔·韦尔林（Mel Wearing）是罗切斯特红翼队的一名击球手，他力量强大，在赛场上表现出色。他第一次上场时，人们期待他今后每次上场都能打出全垒打。问题是，他自己也在期待着自己的出色表现。据他自己说，他加入红翼队时，一心想给人们留下深刻印象，也就是说，想要一次又一次地打出全垒打。他说，这样一来，他就会把球棒握得太紧，挥得太用力，结果却适得其反。每个赛季开始时，他都会对自己说，"这将是我大放异彩的一年"，总是给自己施加压力。他试图用自己的力量去击出漂亮的球，但没有成功。他的表现令人失望，他为自己感到难过。

最后，有一年他终于意识到，假如自己不再担心，不再把自己逼得那么紧，不再将自己的价值局限于成为一名击球手，他就会过得更好。他对自己说，只要每次能够击中球就好了。果然，他不把自己逼得太紧，表现就越来越好。他开始发挥自己的潜力，因为他不再紧逼自己。他已经放弃了自我卷入。这是一个悖论，但却是真的。

夏洛蒂·塞尔弗（Charlotte Selver）发展了"感官觉察法"。这是一种允许一个人的内部功能与真实自我结合得更紧密的方法。夏洛蒂有很多著名的学生，比如精神病学家埃里希·弗洛姆（Erich Fromm）、弗里茨·皮尔斯和克拉拉·汤普森（Clara Thompson），他们和她一道，努力找到了一种更深层次的内心平和以及对周围环境更敏感的感知。我曾听夏洛蒂说过："如果你不怕变胖，那么你就能变瘦。"如此简单的表达，却道出了极其深刻的道理。

夏洛蒂强调了存在于许多人内心的挣扎，他们在迫使自己变瘦的自我卷入和抵制这种压力的自我之间不停挣扎。人们试图强迫自己减肥，并且威胁自己，如果没能减肥就会恨自己，这样一来，他们就产生了抗拒。他们给自己施加压力，然后又抗拒这种压力，最终削弱了自己成功的可能。出于对内摄控制的怨恨，他们会进行自我妨碍。为了减肥，或者说，为了改变任何其他行为，人们如果从一开始就放弃自我卷入，让自己从内摄的挣扎中解脱出来，从不可避免的自我憎恨中解脱出来，就会更加成功。做到这点，"他们就会变瘦"。

从主人和奴隶的角度来思考。你脑子里的主人认为你应该变瘦，讨厌你变胖。所以作为主人的你不断对你加以批评、威胁、哄骗、羞辱。尽管你的一部分自我试图取悦主人，另一部分却想反抗，去报复主人，这并不奇怪。这当然很容易做到：只要保持肥胖就行了。问题是，主人也是你自己，所以说，怨恨主人就是在怨恨你自己。

允许自己失败，你就更有可能成功。这就是夏洛蒂·塞尔弗所说的，也是梅尔·韦尔林最终意识到的。

真正的自尊与有条件的自尊

当认识到内摄和自我卷入如何通过有条件的自我价值过程来激发我们的动机时，一个非常重要的事实就显现了出来：自尊实际上有两种类型。我们称之为真正的自尊和有条件的自尊。真正的自尊建立在相信自己作为一个人的价值的坚实基础上，是一种健全的、稳定的自我感觉。它伴随着发展良好的真实自我，在这个自我中，内在动机得到保持，外在的界限和规则得以整合，调节情绪的必要过程得到发展。因此，真正的自尊与自由和责任相伴相随。

然而，真正的自尊并不等同于认为自己不会犯错。拥有真正自尊的人知道行为是对是错，因为它伴随着整合的价值观和规则。这些人会评估自己的行为，但他们的价值感并不依赖于这些评估。

然而，还有另一种类型的自尊，它不太稳定且在根本价值感方面缺乏安全感。这种自尊在某些情况下是存在的，但在另一些情况下就消失了，它使人精疲力竭，自我贬低。这是有条件的自尊。当人们为了达到特定目标而感受到压力和控制时，他们的自尊往往取决于这些事情的结果。事实上，自我卷入能控制人们，是因为它伴随着有条件的自尊。如果一个人的自尊依赖于不断地完成大生意——尤其是比他的同事更大的生意，那么，假如他相当成功地持续做成这些生意，他通常会自我感觉良好，但这些感觉将是短暂的，不是真实的。这些感受可能会以自我膨胀的形式出现（可以说是一种巨大的自我），而不是一种坚实的自我意识，而且，它们往往会形成自己比他人更好的感觉，而不只是觉得自己和别人一样好和有价值。

真正自尊的人能够尊重他人，接受他人的缺点，而不是评价和贬低他们。我曾经听诺贝尔和平奖得主埃利·威塞尔（Elie Wiesel）说过："我在这里是作为一个目击者来描述，而不是作为一个法官来评价。"当然，他在关于大屠杀的著作中描述的很多内容，在道德上是令人反感的，他一定会谴责这些行为，但他的评论聚焦于人类的潜力，聚焦于对我们每个人来讲的善良和可能性。他接着说道:"我怀抱希望,因为生命没有其他的可能性。"这些话是真正自尊的人会说的。

无数的畅销书都颂扬高度自尊的重要性,但它们未能区分真正的自尊和有条件的自尊,这导致人们提出了令人质疑的行为指导。有的作者建议父母、老师和朋友赞美他人,提醒他人记得自己是多么好的人。当然,向他人传达你对他们价值的信念,是高尚的举动,但赞扬不一定能做到这一点。事实上,如果赞扬的表达是有条件的,则可能产生相反的效果。

卡尔·罗杰斯提倡他所谓的无条件的积极关注(noncontingent positive regard)。从本质上说,他的意思是讲,获得他人的关注(最重要的是自我关注)是我们不可被剥夺的权利。我们之所以有价值,是因为我们还活着。赞美通常与关注不同。赞美通常取决于孩子考试是否得 A,是否吃完你给他夹的蔬菜,或者是否打扫他自己的房间。其中隐含的信息是,如果你没有达到目标,你就没有价值。

赞美有强化有条件的自尊而不是真正自尊的风险,在此过程中,它加强了一种控制的动力取向,使得人们变得依赖于赞美。然后,他们会为了得到更多的赞扬而去努力,这样他们就会觉得自己是有价值的——哪怕只是有片刻的价值。这样做将会进一步削弱他们的自主。

亲密关系中的自主:一条双行道

在许多人的生活中,最重要的关系是一种特定的同伴关系,通常是和恋人的关系，但有时是和最要好的朋友的关系。那个人是你可以求助的人，可以依靠的人，可以支持你的人。那个人会倾听你，会在别人听不懂的时候理解你。但是，那个人也需要你为之付出，伸出援手，倾听他，理解他。在许多人的生活中，最重要的关系是相互依赖。这允许他们通过依赖于同样依赖他们的人来满足自身对关系的需求。

这些关系必不可少，许多人围绕这些关系构建自己的生活。但在考虑相互依赖的关系时，有一个重要的问题——在相互依赖的过程中，是否也存在相互自主以及相互支持对方的自主。对于相爱的人来说，支持自主是一条双行道。

最成熟和令人满意的关系的特征是，一个人的真实自我与另一个人的真实自我相关联。每个人都依赖对方，但每个人都保持着他的自主、完整，以及自我意识。在某种程度上，每个人都是自主的，有真正的选择意识，这样的关系将是健康的，伴侣双方都将能够回应彼此的真实自我，并且支持彼此的个性和特质。

加拿大蒙特利尔市魁北克大学的心理学家马克·布莱斯（Marc Blais）、罗伯特·瓦勒朗（Robert Vallerand）和同事们进行了一项研究，探究人们投入当前恋爱关系的原因。他们改编了瑞安和康奈尔制作的自我调节问卷，以评估人们维持恋爱关系的动机在多大程度上是自主的，也就是说，人们在那些关系中是否有真正的可选择感和个人渴望，而不是因为感受到一些压力或控制而身处恋爱关系之中。研究人员发现，夫妻双方的自主，对夫妻关系的幸福至关重要。那些能自主处理与伴侣关系的人，对自己的关系感到最为满意。然而，许多研究对象并不是独立自主的，而是感觉受到了控制。这些人在夫妻关系或恋爱关系中感到不自由,他们出于义务而与伴侣建立关系。在这种关系中,伴侣的真实自我没有参与进来。

有一次,一位新的来访者打电话到我的办公室,请求来拜访我,她说她叫卡特拉斯。她来拜访我时,自我介绍说她是卡特拉斯太太,以后每隔一段时间,她要么在电话里,要么亲自告诉我,她是卡特拉斯太太。她之所以约见我,是因为她用一根木棍打了她的丈夫,这件事使她非常震惊。(我怀疑她丈夫也受到了一点惊吓。)她说,过去的几个星期,她断断续续地生丈夫的气,并没有什么特别的原因。这种愤怒使她非常不安,在他们28年的婚姻生活中,她从未有过这种感觉。

卡特拉斯太太大学刚毕业就结婚了,几年内相继生儿育女。她是一个模范家庭主妇和母亲,全心全意地关注丈夫的需要,总把丈夫的事情放在首位,然后再想着自己的事。她同样关心三个孩子的愿望,他们中最小的刚刚大学毕业。她开车送他们去参加足球训练和上音乐课,而且,她是童子军的领袖,还帮助学校和教堂举办各种活动。

我相信卡特拉斯太太的朋友们都认为她非常爱她的丈夫,认为她是一个忠贞且富有爱心的妻子。从某种意义上说,她的确是。但这是一种不平衡的爱。她支持丈夫的一切事业,给他想要的一切。在治疗过程中,我问她想从这段关系中得到什么,或者,更一般地讲,想从生活中得到什么,对此她无话可说。她想成为一个好妻子和好母亲,这是肯定的,她想要人们对她扮演的这些角色有好的评价,但她自己,却似乎什么都不想要。

卡特拉斯太太承认，现在孩子们不再需要她了，她的生活似乎有了很大的落差，但无法确定自己有什么愿望。她既没有任何短期的愿望，比如找时间画画，或者让丈夫对她的感觉更感兴趣。同时，她也不能具体说明自己有什么长期的愿望，比如开始找份工作，或者找到其他可以全身心投入的事情。

我认为，她向我自我介绍说她是卡特拉斯太太，这本身就很说明问题。她是我能回忆起的唯一一位不用自己的姓和名介绍自己的来访者。她好像没有自己的身份。

卡特拉斯太太是卡特拉斯先生的妻子，当然也是他的孩子们的母亲。她是卡特拉斯太太，这是她唯一的身份，28年来，她一直认为这就够了，但似乎发生了什么事，让她觉得仅仅做卡特拉斯太太已经不够了，尽管她花了几个月的时间才意识到这一点，并接受了她打丈夫与这个问题有关的事实。28年后才浮出水面的愤怒，源于她的身份被丈夫所忽视了。

最后，卡特拉斯太太对丈夫的这种顺从，当然要由她自己负责，尽管她的丈夫显然也有责任。有了这种认识，她才能够开始弄清楚自己想要什么以及如何得到它们。当她越来越清楚自己的需求和感觉时，她就可以选择如何表达和满足它们。渐渐地，她开始努力改变与丈夫的关系，明确自己在这段关系中想要什么，并通过商量来达成。

成熟的人际关系的特点是两个人之间能够公开地交流，不受自我卷入、内摄信念或自我贬低的影响。在成熟的、相互的关系中，生活中其他许多关系的一上一下的特点，不仅在结构意义上不存在，而且在现实中也不存在。每个人都是自主的，每个人都支持另一个人的自主。

在这种成熟的、相互的关系中，每一方都能为对方付出而不期待任何回报，也不会把义务强加在对方身上。付出来自真实的自我，因此，人们体验到的是想要付出。这不是像卡特拉斯太太那样的奉献，因为她的奉献来自一套关于她作为妻子和母亲应该如何行事的内摄的信念，而非来自整合的自我。尽管她是一位充满爱的妻子和母亲，为他人做了很多好事，但她的付出以牺牲对自我的坚定认识为代价。

当两个人关系成熟时，彼此都可以向对方提出某些要求来满足自己的需求，并且完全相信，对方如果不想付出，就会直接拒绝自己。正如付出不会带来期望，接受也不会产生义务一样，在最理想的关系中，向伴侣提出要求，不会产生获得的期望，也不会给伴侣带来付出的义务。在这些成熟的关系中，人们自由地付出和拒绝付出。在满足自己的需求和向对方付出之间形成一种平衡。付出不以牺牲自己为代价，而是完全出于真实的自我。

在类似这样的关系中，每个人都可以自由地表达自己的感受，每个人都可以毫无防备地倾听对方的感受。例如，当一个男人对他的伴侣说，"我生你的气了"，他会意识到，这并不一定意味着他的伴侣做错了什么。相反，这意味着他没有得到他想要的。意识到自己的感受，对于真实自我的发展和运行十分重要，而就这种感受进行沟通，对双方的关系也很重要。但是，当人们"承认自己的感受"时，当人们明白他们的感受是由事件与他们自己的需求和期望之间的关系引起时，他们就能够建设性地表达这种感受，不会有攻击性。这还使得人们思考如何在不需要伴侣改变的情况下使自己的需求得到满足。

对一个人来说，倾听另一个人的愤怒而不为自己辩护不容易做到。但一个人越能承认自己的愤怒，另一个人就越有可能听到它。通过承认这种感受并且彼此分享，两个人就变得更加亲密。

埃里希·弗洛姆在他的畅销书《爱的艺术》(*The Art of Loving*)中指出，爱一个人很难。难就难在你要使自己从那些妨碍你真实地与真正的自我建立联系的内摄信念、僵化、责备和自我贬低中解放出来。真正难的是心理上有着足够的自由来进行真正的接触。

第 9 章

"美国梦"的代价

当社会问题恶化时

第二次世界大战刚刚结束半个世纪,美国梦开始在人们脑海中翩翩起舞,人们睡得更加安稳了。呈现在所有人面前的是一派繁荣景象,人们相信,努力工作会给他们带来日思夜想的休闲和奢侈。毕竟,美国社会是一个崇尚自力更生的社会。拥有生产工具并且有效使用它们的人积累了财富,而不具备这种优势的人,如果努力工作并且顺从前者的权威,仍然可以过得很舒服。

美国梦是许多人的动力,接受查尔斯·雷奇所谓的"普遍权威",即相信事情"应该以某种方式"去做,是实现梦想的手段。所以人们开始努力工作,过着健康的生活。不幸的是,大多数人的梦想都没有实现,至少不是以他们梦想的那种形式实现的。如今,人们的工作时间比 1950 年时更长,平均每天多工作近 1 个小时。双收入家庭已成为常态,由于白天无人在家,非工作时间通常被孩子和家务占据，休闲时间所剩无几，奢侈生活也没有实现。许多家庭都有两辆车，一台电话机和一台录像机，也请得起清洁女工，但这些都不是奢侈品，而是应对过度增长的生活压力的必需品。

然而，除了那个被称为"60年代"的短暂时期之外，大多数人都相信了美国梦，并且继续期冀着总有一天能过上像茱莉亚·罗伯茨（Julia Roberts）、迈克尔·乔丹（Michael Jordan）、芭芭拉·史翠珊（Barbra Streisand）等明星和名人所享受的美好生活。即使这样的美梦没能实现，人们对工作的强烈投入也至少能让他们将来有可能拥有房车或佛罗里达的公寓，并且送孩子上一所好大学。

我记得几年前有一个来自某个治疗小组的人，是一名非常成功的商业主管，大概是叫凯文·雅各布斯。凯文当时40多岁，口齿伶俐，衣着整洁，婚姻美满，他的3个孩子都已经是青少年了。这个家庭的生活很富足，孩子都在私立学校读书。所有迹象都表明，他们一家在某种程度上实现了美国梦。凯文之所以接受治疗，是因为他在过去几个月里一直睡不好觉，感到胸口有一种不舒服的压迫感。他去看了几次医生，做了多次体检，没有发现任何健康问题，但这种不舒服的感觉依然存在。

凯文慢慢地开始接受治疗，据他说，一切都很顺利。但有一次，当他谈到他家排行老二的儿子时，脸色变得苍白起来。他的眼睛湿润了，觉得难以说下去，他几乎一下子就陷入了严重的抑郁之中。他的焦虑感十分强烈，但渐渐地，他终于能够随着自己脑海中奔涌的思想洪流，谈论那次至关重要的事件。这样一来，他的焦虑感消失了，着手计划生活中有意义的改变。

引发这一切的记忆来自他6岁的儿子。他的儿子是一所私立学校一年级的学生,在学校的戏剧表演中扮演了一个角色。他的儿子感到十分兴奋,全家人都期待着周五晚上的活动。但就在那个晚上,当凯文的儿子上台时,凯文正在奥黑尔机场换乘飞机,因为他刚刚参加完一个商务会议。当凯文告诉儿子他将不得不错过这场戏剧时,儿子非常失望。

这种事情在今天已经十分常见了,因为我们有太多的工作要做,要么晚上必须出门,要么分不开身。如果把错过儿子的演出作为一个单独的事件,它对凯文和他儿子肯定没有如此重大的影响,但它不仅仅是一个单独的事件,它象征着20年来凯文是如何一直优先考虑自己的事业的。过去20年来,他每周工作60～70小时,都是为了养家糊口,为了给整个家庭一个美国梦。突然间,他意识到,在追求美国梦的过程中,他并没有真正成为这个家庭的一员。他的孩子都是青少年了,他却没有看着他们长大。

在接下来的几个月里,凯文做出了一些改变。他重新安排了自己的时间表,缩短了每周的工作时间,集中精力增进与妻子和孩子的关系。这一切进展得并不顺利,但不管怎么说,也是一个幸福的结局。他并没有经历离婚或者其他一些会带来心理创伤的事件,总算发现了对他来说什么才是真正重要的。很多其他人就没有他这么幸运了。

现在的凯文有什么不同呢?他现在能够在满足各项基本需求方面取得平衡。凯文在自己的职业生涯中一直觉得自己很有效率,因此对胜任的需求得到了很好的满足。现在他与家人的关系更深了,所以对联结的需求也得到了更加充分的满足。此外,在生活的各个方面,他都感到更加自主,更像是真正在做自己的选择。他不再受到工作的逼迫。

当然,强调物质主义的美国梦确实是一个强有力的动机,它把凯文"拴"在办公桌上20年了,这也让他的孩子能够跟上不断发展变化的运动鞋潮流。但是,凯文和他的家人牺牲了巨大的个人满足感。这种现象有多普遍?美国梦的负面影响有多普遍?这是个有趣的问题。

6种人生愿望

物质主义的概念已经得到了广泛讨论和激烈辩论。一方面,政治家和经济学家呼吁增加支出,以提高国民生产总值;另一方面,批评人士和心理学家保罗·瓦赫特尔(Paul Wachtel)等人认为,富裕让灵魂变得贫瘠。直到最近,心理学数据才开始阐释这一争议。理查德·瑞安和前研究生蒂姆·卡瑟(Tim Kasser)从数百个研究对象中收集了相关数据,这些研究对象包括大学生和成年人,他们的年龄、社会和经济地位各不相同。

这两位研究人员着重研究6种类型的人生愿望。其中3种是我们所说的外部愿望,就是那些构成美国梦的东西,包括成为富人、名人和魅力四射的人。在这些愿望之中,期望的结果还对其他目的具有工具性。金钱带来权力和物质财富;名声为创造财富与提升地位提供了机会;美好的形象让人们有机会成为迷人的先生小姐,因而获得推销自己的机会,赢得人们的关注。

相反，另外的 3 个愿望指的是内在愿望，因为它们给人们带来回报、提供帮助，以满足人们内心对胜任、自主和联结的内在需求。这三个内在的愿望是：拥有令人满意的人际关系、为社会做出贡献、实现个人成长。当然，与有影响力的人士建立令人满意的个人关系，可能会打开一扇门，而为社区做贡献也可能赢得人们的赞誉，因此，内在愿望也能够带来一些工具性的优势。但是，内在愿望和外在愿望是完全不同的。内在愿望凭借它们自己的力量使人们感到满足。不管它们是否导向其他目的，人们都会从这 3 种内在结果中感受到巨大的个人满足感。

我们大多数人都心怀这 6 种愿望，即使是外在的对经济成功的渴望，至少在某种程度上也对过上令人满意的生活十分重要。不可否认，我们希望拥有一小块土地并且在上面居住，为自己和家人争取食物、医疗和一些审美乐趣，这些都是合理的愿望。但研究人员主要感兴趣的是，当人们对其中一个或多个人生目标的渴望与其他目标失去平衡时，会发生什么。

在研究中，每个人都给自己的这些生活愿望的重要性打分。卡瑟和瑞安通过一个复杂的统计程序，将个人对其中某个目标的渴望与其他目标的失衡程度用系数表示。例如，如果凯文·雅各布斯在治疗前完成了问卷调查，那么，他对物质成功的渴望，无疑会与他对"为社区做贡献"和"良好的人际关系"的渴望失去平衡。

研究人员发现，相对于 3 种内在愿望，一个人如果对金钱、名声、美貌这 3 种外在愿望中的任何一种渴望更强烈，那么，这个人很有可能心理健康状况较差。例如，一位训练有素的临床心理学家认为，对物质成功有着异常强烈的渴望，与自恋、焦虑、抑郁和较差的社会关系有关。其他外在愿望也与较差的心理功能指标有着类似的关联。相反，对任何内在目标的强烈渴望（有意义的人际关系、个人成长以及为社区做贡献），都与幸福感呈正相关。例如，那些强烈渴望为社区做贡献的人更有活力，也更有自尊心。当人们根据内在的努力（相对于外在的努力）来行事时，似乎更为满足，也就是说，他们对自己感觉更好，并且显示出更多心理健康的迹象。

诸如财富和名声等外在愿望给人们造成的部分困难是，人们担心自己永远无法实现这些愿望，而一些心理学家认为，这些消极的预期是导致不健康的原因。人们如果非常看重这些目标的实现，并且认为自己无法实现目标，那么就会感到不快乐甚至抑郁。我曾经认识一位年轻的剧作家，他用了两三年时间辛辛苦苦地写出一部关于家庭生活压力与困惑的戏剧。这部戏剧基本上是自传式的，他从作家和戏剧界人士那里得到了足够多的正面反馈，因此对该剧在当地剧院以及百老汇取得成功抱有很高的期望。值得注意的是，他的情绪和举止与戏剧的发展密切相关。当一些积极的事情发生时，他兴高采烈，梦想着令人眩目的开幕之夜，但当他遇到障碍时，他的期望值直线下降，变得沮丧不已。目标设定后，他对目标实现的消极预期预示着他一定会心烦意乱。

在对人生愿望的研究中，卡瑟和瑞安要求研究对象报告他们内心对实现这些愿望的相信程度，即他们认为实现3个外在目标和3个内在目标的可能性有多大。回想一下，前文所述的第一个发现表明，如果人们非常看重外在目标，那么心理健康就十分脆弱。第二个重要的发现是，即使人们认为自己有着很好的机会实现那些代价高昂的外在目标，他们的心理健康状况也很糟糕。心怀外在的愿望，并且相信自己无法实现这些愿望，这肯定会使人忧郁，但是，来自这一研究的一个不太明显但更发人深省的发现是，心怀强烈的外在愿望，同时相信自己能够实现这些愿望，同样与较为糟糕的心理健康状况相关联。更重要的是，人们心怀愿望的类型，才是预测幸福感的关键因素，而不是他们对实现这些愿望的期望。

这些研究为个人自主的研究带来了一个全新的维度。虽然一些早期的研究侧重于个人表现和体验的质量等问题，但这些研究将动机的类型与个人心理健康直接联系了起来。看起来，最健康的人们着重于发展令人满意的人际关系、个人成长以及对社区的贡献。当然，他们也渴望在经济上获得足够的成功，过上舒适的生活。但是，财富、名誉和美貌并没有像它们支配心理不稳定的人们那样不成比例地占据这些人的意识。

人们着重强调外在努力，其背后是他们对自我的掌控十分脆弱。这些外在的目标让人们关注自己拥有什么，而不是关注自己是什么样的人。它们好比打造了一个光彩夺目的门面，一个缺乏坚实基础的、由社会衍生的角色。在没有感到深深的满足并且没能满足内在需求的情况下，人们开始渴望更加肤浅的目标。

因此，过度强烈的外在愿望可以被理解为虚假自我的表征。它们之所以有效，是因为人们有条件的自尊依赖于这些目标的实现。当人们不断地获得有条件的爱和尊重时，特别是他们在年轻的时候获得时，便学会把外在的标准作为判断他们价值的基础——最初是他们的父母认为必要的东西，然后是社会或含蓄或明确地提倡的东西。在形成一种以外部标准来判断人们价值的取向时，人们会变得特别容易受到社会力量的影响，更有可能接受社会认可的价值观。最显著的是，他们将采用广告中蕴含的价值观（比如，积累更多更光鲜亮丽的物质财富之类的价值观）以及那些显而易见的标准（比如财富、名誉或美貌）。当然，外在的愿望恰好符合这一描述。

养育方式与人生愿望导向的建立

卡瑟、瑞安和他们的同事研究了不同类型愿望的由来，希望能够进一步阐明愿望与心理健康之间的动态关系。为了做到这一点，他们使用了长达14年从母亲及其孩子那里收集的数据。研究人员发现，和他们的推测一致，18岁时过分看重外在愿望（如财富）的孩子，其母亲在他们小的时候一直在用控制（而非支持自主）和冷漠（而非养育）的方式对待他们。相比之下，那些温暖、投入、支持自主的母亲，其孩子在成长过程中渴望人生获得更多内在的成果。

关于愿望的研究结果表明，这种现象出现的可能性大大增加了，因为它证实了未能支持孩子自主以及参与孩子的活动，可以促成一种更加外在的导向，并且产生更多的内摄信念和有条件的自我意识。这种外在的导向和与之相伴的有条件的价值感，是由于儿童不能满足自身对自主、胜任和联结的基本内在需求，并由此形成了较差的心理健康状况。当个人具有强烈的外在导向时，他们就缺乏幸福感的坚实基础。

人们经常使用人类需求（human needs）这个术语，它通常等同于想要或渴望的概念。人们往往认为，一个人想要的，就是他所需要的，但这是对人类需求概念不准确的使用和误用。相反，按照亚伯拉罕·马斯洛的观点，人类需求是一种有机的状态，无论是生理上的还是心理上的，这种需求必须得到持续满足，人类才能保持健康，否则就会导致功能失调。瑞安和卡瑟的研究为这一观点提供了明确的支持，并且确认了胜任、自主和联结确实是人类的基本需求。然而，人们通常讲的对金钱和名誉的需求，相比之下可以说根本不是需求。它们可能是奢求或欲望，可能是一个人参与各种人生活动的强有力的推动因素，但不是基本的心理需求。

物质主义价值观的巨大代价

一个社会要想有效地运转，其个体成员必须在某种程度上接受社会的价值观和道德观。但是，基于两个理由，我们认为将价值观内化并且愿意按照这些价值观来生活是一件难以察觉的微妙的事情。首先，作为有效的个体，一个人的价值观和随之而来的行为动机必须得到整合，也就是说，它们必须成为连贯的自我的一部分。如果不这么做，它们将使得自我屈从于社会。其次，如果社会提供给个人的价值观和道德观（比如极端物质主义的价值观）与个人的基本人类需求不协调，内化的过程就会出错。尽管人们也可能会将这些价值观内化，但也许会付出沉重的代价，因为他们将不断努力实现这些异常强大的外在价值观。

人们秉持实质上比内在价值观更为突出的外在价值观，是这些价值观缺乏整合的证据。如果人们对金钱的重视被整合入他们的自我意识，这种愿望将与另一些愿望达成平衡，也就是说，在这种情况下，对金钱的渴望，其价值在于它能使自己过上充实和平衡的生活，提供有意义的联系机会，提供美好的体验，帮助他人和支持公共机构，等等。例如，他们如果能将对金钱的渴望很好地整合，就会愿意为公共广播电台或童子军捐款，而不需要得到承认或掌声。他们会因为与他人的普遍联系感和对公共利益的责任感而为这些组织或者任何其他符合他们个人需求的公共组织捐款。

我并不是建议人们匿名捐款。关键是，如果人们捐款的动机真的是为社会做贡献这种内在愿望，如果他们对金钱的重视能与他们的内在愿望以及自身其他方面很好地整合，那么他们会愿意匿名捐款。捐款本身就是一种回报，任何认可都是一种额外回报。

正如卡瑟和瑞安的研究指出的那样，外在价值观的整合（外在价值观与内在价值观之间的平衡），在很大程度上受到父母教养方式的影响。注重教养的、支持自主的父母，其孩子更有可能整合外在价值观，但是，并不是所有责任都在于父母。如果整个社会着重强调物质主义，那将成为促进我们孩子（实际上是我们自己）的价值观平衡的巨大障碍。

金钱能让人们与这个时代保持同步，使人们拥有令人炫目的财产、热门花哨的新玩意，以及在观看体育赛事和音乐会时获得梦寐以求的座位。当然，它也给了人们从大众中脱颖而出的力量，让他们能够超越他人，使自己看起来与众不同。在我们的社会里，金钱极其宝贵，以至于根据詹姆斯·帕顿（James Pattern）和彼得·金（Peter Kim）在他们的著作《美国说出真相的那一天》（*The Day America Told The Truth*）中的说法，大约25%的美国公民愿意为了得到1000万美元而放弃他们的整个家庭；大约7%的人愿意为了这个数目而杀死一个陌生人；3%的人愿意为此让别人收养他们的孩子。在如此强烈的对金钱的欲望的包围之下，要想培养我们的孩子在外在和内在目标之间很好地保持平衡，成了一项艰巨的挑战。

个人主义不等于自主

美国社会的基础之一是个人主义。无论是在现实中还是在文学作品中，许多英雄都是独立的个体，他们开疆拓土，积累巨额财富。人们对小说中的西部牛仔和与暴风雨搏斗的水手抱有浪漫的看法；人们崇拜工业巨头，以他们的名字命名博物馆、图书馆和大学。

在美国的文化史中，从一贫如洗到一夜暴富的故事比比皆是，无数教科书中都有这样的说法："我们可以随心所欲地塑造自己。"这种向社会成员清晰展示的个人主义，是整个个人主义社会的一种合理副产物。这一点在清教徒中很明显，并且为独立战争奠定了基础。全新的美国主张自治，赋予公民自我管理的权利。个人主义被认为是一种社会价值，美国政治和经济制度的发展都支持这种价值。

正如作家安·兰德（Ayn Rand）等人正式阐述的那样，个人主义坚持个人权利至上。每个人的渴望至高无上，是他们自己的正当理由。然而，根据兰德的观点，利他主义将个人视为服务他人的一种手段，而个人主义则认为个人应维护其自身权利到底。从这个角度来看，从道德上讲，行为的受益者必须是行为人自己，所以个人主义本质上等同于自私。两者都涉及以自身利益为基础来评价结果。兰德等人说，整体的利益即社会的利益，不是个人应该考虑的。相反，从理论上讲，社会的利益来自所有公民对自身利益的追求。因此，人们并不认为公共福利是一个目标，而是个人主义的必然结果。

就像将独立与自主混为一谈那样，人们还将个人主义与自主相混淆，许多作者将这两个词互换使用。然而，这两个概念是截然不同的。这种混淆源于两个概念表面上的相似性。个人主义是指自由地追求自己的目标，意味着只要你遵守法律，便没有任何外部力量（也就是说，没有任何政府）会干涉你获得想要的东西。（个人主义的价值还需要将法律的约束降到最低。）同样地，自主也可以被定义为在追求你所选择的目标时有个人意愿（自由）。因此，这两个概念都与自由有着一定的关联，都传递了自我管理的意识。但是，两个概念的侧重点和意义完全不同。

个人主义是关于自我利益的，涉及为了实现自己的目标、获得自己想要的东西而行动。它包含了个人独立或情感上的独立（这在第6章中已经讨论过了），但它不止于此，还包含了自私的意义，即只关心自己。个人主义与为了公共利益而行动是相对的，个人主义的反面是集体主义。在集体主义中，个人的权利和目标服从于整体的权利和目标。在集体社会里，人们相互依靠，但他们的依赖不仅仅是个人或情感上的依赖，而是一种有组织的相互联系，其中每个人的所有行为后果都彼此交织。家庭重于个人，团体先于个人，社会重于个人。人们期望个人的行为为公共利益服务，而不是为自己的利益服务。因此，个人的福利被视为集体力量的必然结果，而不是相反。

相比之下，自主则是有个人意愿地行动，具有可选择感、灵活感和个人自由感。它涉及根据你的利益和价值观，感受到一种真正的意愿，以负责任的方式行事。自主的反面是被控制，这意味着你被迫以某种特定的方式行事、思考或感受。控制往往是他人施加的，即处于优势地位的人或者社会施加的，但话说回来，人们也可以通过控制自己来满足他们的内摄。给自己施加压力、强迫自己行动，或者觉得自己必须做某事，这些都在削弱自己的自主。

那些努力工作、争强好胜、争夺更多权力和财富的商人，或许是顽固的个人主义者，但他们绝非自主的榜样。在某种程度上，他们的目标追寻是受到压力或者被迫的，即使这些目标来自内心，他们也是个人主义者，而不是自主的。当然，许多人认为个人主义的概念很有吸引力，但其吸引力更多地来自他们在资本主义经济体制内实现目标的冲动，而不是来自他们的内在需要。心理学家卡罗尔·吉利根（Carol Gilligan）等作者混淆了个人主义和自主，因此，他们的批评把自主描绘成犯罪，而实际上，他们批评的是男性的独立和西方的个人主义。在与他人的交往中拥有自主，不应该是一件招致批评的事情。

正如个人主义可以被控制一样，以集体的名义开展的活动也可以被控制。在日本，集体一直以来都优先于个人。这是一种强烈的社会价值观，在日本文化中几乎普遍存在。家族忠诚被认为是强制性的，家族的荣誉感甚至会促使那些丢面子的家庭成员自杀。然而，日本文化的控制手段并不建立在外部胁迫的基础上，而是一个令人难以置信的有效过程，它促进了一种内化，在这种内化中，人们接受某些价值观并严格地将其用于自己身上。人们根据文化的社会习俗来控制自己，而不是被文化的代理人所控制。

不过，尽管上述做法一直有效，但越来越多的证据表明，日本社会的结构开始出现问题。在金融界，挪用公款和其他共谋案件的指控频发，这证明日本的个人主义越来越强烈。而类似无家可归的社会问题，尽管远远不如美国那样严重，却也一直在恶化。

哲学家罗伯特·杨（Robert Young）对自主的定义与我们的定义非常相似，他说，自主的行动需要理性和意志力。当然，个人主义也需要这些。但罗伯特·杨认为，自主还需要自我认识（self-knowledge）。这一点极其重要，因为自我认识意味着人格的整合，这就是自主与个人主义的区别。通过自我认识，人变得更加整合，与自己内在的真实存在（也就是说，与自己内在的偏好和整合的价值观）更加紧密地联系在一起。具有理性的能力和意志的力量的个人主义，只在有自我认识的情况下才能实现自主。

和我前面讲过的一样，自我认识（与自我欺骗相对）是个相当复杂的概念。自我认识始于对自身内在过程自在的关注，始于对自己真正感兴趣。而假冒的自我认识（也就是自我欺骗）往往不是这样的，它是一种投资，以一种特定的方式看待自己，并被他人视为友好、富有、聪明等。当人们诚实地对自己的内在自我感兴趣时，他们将更有能力放弃自我卷入，更加渴望理解他们在内心探索中遇到的任何事情。自主促进这种自我认识，反过来也被这种自我认识所促进。

具有讽刺意味的是，美国文化强调个人主义是与生俱来的权利，其中的顺从却如此明显。许多美国人虽然不再受宗教或社区价值观的控制，但越来越多地受到外在结果的控制，这些外在结果与大众传媒所宣扬的地位象征相一致。想想看，人们把商标贴在衣服外面而不是里面，难道不是很愚蠢吗？

理解个人主义往往与控制而不是自主共存，使我们能够看清这个看似矛盾的现象。人们在关注自己的个人利益时，常常感到颇有压力，要通过实现自恋的外在抱负来增强自我意识。他们在努力实现这些目标的过程中服从和顺从。

当然，以自由自主的方式希望成为团体的一员或者向团体中的其他成员看齐，并没有什么错。这是人性的一部分。当人们作为整合良好的个体时，他们会在不断变化的社会中坚守真实的自己，同时，因为他们相互汲取力量，也会珍惜对他人的依赖。

第三部分

如何实现自主

Why We Do What We Do
Understanding Self – Motivation

第 10 章

从他人的角度出发

如何促进自主

我表妹和她丈夫都是热心的园丁。每年有 6 个月的时间，他们宽敞的院子里鲜花盛开，供应着丰富的鲜花、水果和蔬菜，供自己和邻居享用，同时也吸引着野生动物。园艺对他们来说是家庭事务，他们的儿子从两岁开始就和他们一同从事园艺，双手经常沾满泥土。

我表妹的儿子上幼儿园时，有一天，老师给孩子们分发彩纸，让他们做花。孩子们在红纸上画了一个圆圈，圆圈的边缘呈波纹状，代表花朵。他们将绿纸剪成茎和叶的形状。所有孩子都这么做，除了我表妹的儿子。他见过很多花，对花十分熟悉，于是着手做了一株和他见过的花很像的花。他拿起红纸，把它揉成一团，开始制作盛开的红色郁金香。毕竟，他看到的花都是立体的。不过，老师显然想要一朵二维的花，以便贴在背景墙上。她不明白我表妹的儿子在干什么，于是骂了他一顿。他垂头丧气，不知所措。

那天晚上回到家里，他告诉了母亲所发生的一切，忍不住流下泪来，他在学校时强忍着委屈没让自己流泪。我表妹一边听着，一边安慰他，毫无疑问她面临着一个困境。老师显然不讲道理。她既在控制，又在评判，同时，她批评他做的事情正是我表妹期待他做的事情。对我表妹来说，告诉儿子说老师错了（可以说是一个坏老师）是没有用的。所以，她面临的挑战是向这个5岁孩子解释，他制作花朵的想法确实很好，不过，制作纸花的方法很多，有时候你需要按照老师想要的方式来做。老师的方法也好不到哪里去，但她这次就只要这样的花。我表妹说了这些后，拿出一些纸，和儿子一同做了些立体的纸花。

我和理查德·瑞安经常跟老师、家长谈论激励。老师说父母没有做好分内的工作，父母则反过来抱怨老师。当然，在很多的事情中，比如我表妹的儿子的那件事情，老师和父母对事情的看法不同，他们向我们说出问题时，往往聚焦于对方的行为。尽管如此，我们总是针对说出问题的人的行为给出关键性答案。所有的答案都可以归结为一点：不管别人如何对待孩子，对你来说，最好的办法是支持自主。这也是我们在回答经理和医生问及的动机相关问题时的底线。

支持自主是一种你可以用来与其他人（尤其是处于劣势的人）相处的个人导向。这种导向使得你和他们互动的方方面面都充满了趣味。这需要换位思考，也就是说，能够从他们的视角来看待这个世界。这样的话，你就能理解为什么他们想要他们想要的，为什么他们要做他们做的事。简单地讲，举例来说，作为一名经理，支持自主意味着能够理解在你的公司、社区和行业中当一名员工是什么样的。

作为一名老师、家长或经理，支持自主意味着与学生、孩子或员工建立伙伴关系，并且从这个角度参与新的事务。因此，这种导向能渗透到教学、育儿和管理的各个方面。无论你的计划是决定要做什么还是评估已经做了什么，以支持自主的方式来将计划付诸实施，与以更传统的、控制的或等级森严的方式执行计划是截然不同的。而你执行计划的方式，将对绩效、调整和士气产生巨大的影响。

20世纪70年代末，我在公立学校的教室里观察了一段时间。我坐在教室后面观察、听课。让我印象最深的是我离开不同教室时的感受。有时候，我离开时觉得眼界很开阔，心里很开心，真的；另一些时候，我感到封闭和沉重，有些负担。

我仔细观察，在我感觉良好的时候和感觉不那么好的时候，老师们都在做什么——或者更确切地说，他们是如何做的。依我看，当老师采用学生的视角回应学生并且鼓励他们积极参与课堂学习时，我感觉很好，但当老师提出要求和批评时，我感觉很糟糕。当然，这些只是观察得来的结果，所以，我和理查德·瑞安及一名学区管理员路易丝·谢曼（Louise Sheinman）决定收集系统性问卷和观察数据来验证这个想法。正如我们所料，倾向于支持学生自主的老师比倾向于控制学生的老师对学生有着更加积极的影响。在支持自主的老师的培育下，学生的好奇心更强、更加注重熟练掌握知识，而且表现出更强的自尊心。

一位母亲似乎真心相信在课堂上支持自主的重要性（在家里也是如此），她曾咨询我如何才能知道儿子的老师在课堂上是否支持自主。我问她有没有参加过家长会，她说参加过。我建议她注意老师谈论她儿子的方式。比如，在谈论孩子在学校的表现时，老师是否站在孩子的角度？从你对儿子的了解来看，这一切都是真的吗？如果答案都是肯定的，那么老师可能非常支持自主学习。如果老师在和这位母亲谈话时能够站在孩子的角度，那么，他在和孩子打交道的时候，也很可能站在孩子的角度。

当然，支持自主的想法似乎完全与工作场所和课堂相关，因此，我和同事瑞安、康奈尔开始在施乐公司（Xerox Corporation）开展了一些工作。我们走访了施乐公司在美国各地多家分公司的办公室，与员工交谈，观察公司运营情况，收集了1000多名设备维修和维护人员的调查问卷数据。与我们的预期一致的是，数据显示，和我们在课堂上发现的行为非常相似的动力也在工作的成年人中发挥着作用。支持自主的经理管理的下属员工更加信任公司，对薪酬和福利的关注更少，满意度和士气都显得更高。此外，我们的工作还证实，可以对经理进行培训，使其更加支持自主，从而从他们的管理对象那里获得更为积极的工作成果。

从学校和工作组织的所有观察中，我得出结论，支持自主的老师和经理采用的方法，不同于习惯控制的老师和经理的方法。这里有几个例子。

决定做什么和怎么做

支持自主的核心特征之一是提供选择，这意味着分享你所处的优势地位的权威或权力。提供选择既可以在个人层面进行,也可以在团队层面进行。换句话讲,支持自主一方面意味着允许你的班级或工作小组中的个人参与一些决策,这些决策只与他们关切的问题有关,另一方面意味着与整个小组分享决策。最高效的、支持自主的经理和老师允许他们的员工或学生(无论是个人还是集体)在决策中发挥作用。

想一想这位在大型百货公司管理设计人员的女性。她的工作小组负责橱窗陈列、店内的装饰、服装部门的人体模型布置,等等。橱窗陈列在特定的时间会有所改变,并且遵循季节性主题。作为经理,她可以自己做出所有的决策,也可以让她的员工参与决策,无论是让员工以团队还是个人的形式参与。夏天的时候,橱窗陈列的设计自然体现这个季节的特色,但是,关于夏天的主题很多(如海滩、徒步旅行、航海、草坪派对,等等)。例如,团队可以决定总体主题,而个人可以创造特定的展示——在人们讨论和协调的基础上创造,确保高质量的设计成果。

无论是在学校还是在工作场所,选择都很重要。当然,学生必须学会阅读,但是,为什么不让小组来决定读什么呢?为什么不让他们讨论决定呢?他们可以采取少数服从多数、集体达成共识,或者经过委员会研究的方式。决策过程本身就是一件需要学习的重要事情。决策过程消耗的时间也可以包含在课程计划中,让学生花时间自己决定要做什么——完成数学作业、阅读他们喜欢的作者的一本书,等等。

虽然提供选择及鼓励参与决策和人们决定从事什么活动有关,但还是存在界限。许多经理告诉我们,他们的下属员工真的没有选择的余地——有些事情我们必须要做。许多老师也对我说过几乎同样的话：学区或州决定了我要教什么。

他们说的肯定有些道理：有些事情必须做。有些任务必须在工作中完成，有些科目必须在课堂上讲授。但几乎总是有一些空间来决定该做什么，关键是真正支持自主的经理或老师接受这种做法，并且与员工或学生合作。

提供关于如何完成任务的选择，甚至比提供要完成什么任务的选择更容易。当经理的上级指示必须做什么时，经理仍有可能让团队决定如何做。例如，对于包含几个方面的任务，团队可以决定如何分配它们。假设某工作小组负责维修城市北部的所有复印机。为什么不让团队成员来决定如何划分区域，以及是否以个人或小组的身份覆盖某一区域呢？假设一个小学班级有一项学习种子和植物的任务。为什么不让学生自己决定是让种子在教室里发芽并且在教室里种植植物，还是让老师讲课，由学生完成阅读作业，然后互相传授他们阅读的内容呢？经理或老师在他们自己的环境中拥有最便利的条件去想办法如何提供选择，让员工和学生决定做些什么以及如何去做，因为他们有经验。关于如何提供选择的例子，他们能够想到多少，就会有多少。

允许选择做什么，有几种可能的优势。首先，在工作场所，当决策执行者参与决策时，决策的质量可能比经理单独决策时更高。此外，研究证实，选择增强了人们的内在动机，所以，人们如果参与到关于做什么的决策中，便会更有动力、更专注于任务，以确保出色完成任务。老师和经理越是认真对待如何提供选择的挑战，就越有可能对自身的工作感到满意，学生或员工的反应也就越会积极。

即使是相信个人选择力量的人们，也可能怀疑提供选择是否总是最好的办法。毫无疑问这并不一定最好，但我们发现，在决定什么时候让人们参与决策才最合适时，有几个有用的考虑因素。一个因素是，如果让其他人参与进来，决策是否会带来太大的压力和冲突。假设有一个由 12 人组成的团队，经理得到通知，要从中裁员 1 人。对经理来说，自己做出这个困难的决定可能是最好的。这个决定充满了潜在的冲突，若是让团队来做这个决定，可能导致不愉快的后果，而且这种后果的影响会持续很长一段时间。另一个因素是，鉴于人们的成熟程度，这个特定的决策是否适合由他们做出。举例来说，青少年也许具备了做出某些选择的条件，但这些选择对年幼的儿童来说却没有意义或者不合适。给所有的年轻人提供选择十分重要，但是，有些问题尚不适合由他们去解决。一个 6 岁孩子说她想照顾小妹妹，父母不能允许（除非假装允许），但是，一个 12 岁孩子说她想要照看孩子，可能她已经做好了准备。

在有的情况下，保密工作至关重要，上级不应给予下属选择权。政府关键信息的泄露可能是决策过程中涉及太多人员的结果。此外，在有的情况下，做出的决策对某个人并没有真正的影响或相关性，如果将他包含进来，也许是资源浪费。在另一些情况下，需要迅速做出决定，这时将他人纳入决策之中，不切合实际。简单地讲，尽管提供选择并且允许学生、孩子和员工参与决策在动机上（甚至在道德上）是可取的，但在各种不同的情况下，这可能不切实际或者不利于下一步工作的开展。

瑞安和我在做一些关于支持自主的演讲或咨询时，人们经常告诉我们，他们的孩子、学生或员工不想要选择，只想按照别人告诉他们的去做。听到这样的评论,我们觉得至少在某种程度上它们听起来是对的,但我们意识到,如果真是这样,那是因为孩子、学生或者员工过去曾被过度控制,被逼到了这一步。记住,如果你足够严格地控制了他人,他们可能开始表现出想要被控制的样子。作为一种自我保护策略,他们开始关注外部,寻找处于优势地位的人对他们的期望,寻找能让他们远离麻烦的线索。例如,我在无数学生身上看到了这一点,他们来问学期论文要用什么主题。我通常会这样回答:"你对什么感兴趣?"但是,我仅仅得到这样的回答:"我不知道,您觉得我应该写些什么?"

我们项目的前任研究生、如今已是约旦大学教授的亚斯明·哈达德(Yasmin Haddad)曾经做过一项研究,来弄清楚为什么人们可能不想做出自己的选择。她让小学生做字谜游戏。对于一半学生,她表现得非常有权威,对他们在字谜任务中的表现给予控制的和评判性的反馈;对于另一半学生,她非常支持他们的自主,对其表现给予非评判性的反馈。后来,她告诉所有学生,他们将再做4个字谜,她问他们想为自己选择多少个以及想让实验者为他们选择多少个。有趣的是,一直受到控制的学生想要的选择,比她一直支持自主的学生少。似乎人们至少在某种程度上适应了被控制,并且表现得好像不想要与他们的本性相符的东西,也就是自主的机会。他们可能担心,如果做出了错误的选择,他们会遭到不好的评判,甚至受到惩罚。很可能是这样的情况。

当然,有些时候老师和经理告诉我们学生和员工不想要选择,他们只是在为自己的控制行为辩解,但还有些时候,他们知道自己在说什么。不过,即使他们说的是对的,也可能是因为他们自己

（父母、老师、经理）已经被别人控制，没有选择。当处在优势地位的人正在控制他人时，就好比他们正在榨干他们应该帮助的人的精神。

所有这一切都意味着支持自主是非常困难的，对于那些习惯被控制的人来说尤其如此。因此，我们必须有耐心，我们必须与我们的学生或员工一同努力，唤醒他们本性中最根本的东西以及几乎肯定能带来更加积极结果的东西。我们需要帮助他们回到对他们至关重要的、他们感兴趣的、渴望承担挑战和责任的地方。我们需要促进他们的自主，在一定程度上为他们提供选择。

设定支持自主的界限

我一再强调，支持自主并不意味着纵容不负责任，也不意味着允许人们从事危险或有害的行为。促进自主，其核心是鼓励人们理解他们的权利在哪里结束，其他人的权利从哪里开始。设定界限是一种表达人们的权利和社会中存在的界限的方式。因此，它帮助人们学会在选择时负起责任。

在有必要设定界限时，有几个重要的考虑因素将有助于确保界限的设定不会破坏自主。首先，人们可以设定自己的界限。如果一个人的选择可能侵犯团体中其他人的权利，那么，整个团体（而不是经理或老师）可以讨论这个问题，并且形成一整套的界限。A. S. 尼尔（A. S. Neill）是英国夏山学校的创始人，也是 20 世纪最进步的教育家之一，他非常有效地运用了这种方法。他认为，要鼓励学生开展小组讨论,目的是让他们制定自己的规则。只要人人都同意,就可以认为这个决定是可接受的。

当然,在许多情况下,老师、经理或家长需要设定界限。正如研究表明的那样,他们表达界限的方式很重要。例如,避免使用控制的语言并且承认人们的抗拒,可以提升他们接受界限的意愿。下面的这种情形在日常生活中很常见。一位母亲告诉儿子:"在沙盒里玩得开心些,但别把沙子弄到草坪上。"设定这样的界限,可能会毁了儿子一天的快乐玩耍,但这并不是必然的结果。如果母亲省略像"做你应该做的"或"做个好男孩"这样施以压力的说法,便可以帮助她(和儿子)达到目的。此外,如果母亲承认她知道儿子可能想把沙子到处乱扔,那么,儿子就更有可能在不扔沙子的情况下玩得开心。所有这些都表明,她理解他的观点,而不是简单地试图控制他。

当受到界限约束的人理解设立界限的原因时,他更有可能接受界限,不至于感到被界限困扰。如果母亲向儿子解释为什么不把沙子弄到草丛中很重要(例如,沙子可能使草枯萎和死亡,而且,下次再玩的时候,沙盒里就没有沙子了),那么,儿子可能会学到一些重要的东西,与此同时,这也给了他一个让他受到界限约束的有意义的理由。

当然,提供有用的信息不止能提高界限设定的效果。了解正在完成的任务及组织政策的有用性或重要性可以让人们感觉自己是组织的一部分,减少与组织的疏离。在某些情况下,尤其是在教育领域,除了提供一个理由,更有效的方式是鼓励人们自己思考为什么一项任务对他们来说可能是有用的。甚至在学生或员工被告知他们必须做什么以及必须怎么做时，鼓励他们思考为什么他们被要求以某种特定的方式去做，这可能是一个有价值的问题解决任务，当他们完全明白为什么某件事很重要时，他们会更加愿意自主地去做。

　　在设定界限时，还有其他一些重要的考虑因素。让界限尽可能宽松，而且允许人们在其中做出选择，将使得人们不会感到太受局限。设定与过错程度相当的后果，也是设定有效界限的一个基本要素。类似于"禁止把手伸进饼干罐，否则那只手会被砍掉"这样的界限，就设定得有些极端。当设定界限时，人们也在创造"规定"，所以，重要的是清楚地了解与"规定"共存的后果以及违背它们的后果。这个问题需要一些思考，因为一旦设定了界限并且传递了违反界限的后果，人们就必须坚持到底，否则就是在损害自己的声誉。

　　违反界限的后果和惩罚是不一样的。惩罚是一种控制人的手段，但设定界限并不是控制。设定界限涉及鼓励人们负责任。如果老师或经理设定了适当的界限并传达了公平的结果，那就可以让学生或员工来决定到底是遵守还是违反这些界限。这是人们的选择，如果界限的设定者不愿意让对方做出选择，那就不是在真正地支持自主。如果人们陷入了权力斗争，就已经超出了设定的界限，走向了错误的方向。设定界限就是要清晰明确并且坚持到底，这不是斗争、施压或挣扎的问题。

　　给孩子和学生设定界限的一个主要目的是告诉他们，生活中充满了选择，每个选择都有它的后果。他们可以选择他们想要的，但需要为承担后果做好准备。这是生活中的现实。如果界限设定者试图强迫他人遵守规则，就是在阻碍自己目标的实现。只有当其他人选择接受界限的约束，并且当界限设定者能够从他人的角度出发，尽可能不施加压力并保持沟通渠道畅通时，界限设定的流程才最有可能成功。

确立目标和评估绩效

在每个季度的开始，许多工作小组都致力于实现一系列的目标，这些目标是他们将在接下来的几个月里努力实现的，它们将作为标准，以便今后对绩效进行评估。在做计划时，目标十分重要，例如，可能的销售收入是多少，可能生产多少 C3200 型号的产品，诸如此类。但是，目标在帮助人们维持动机方面也同样重要。

爱德华·托尔曼（Edward Tolman）和库尔特·勒温（Kurt Lewin）是两位颇具影响力的德裔心理学家，他们认为，人类行为是有目的性的，也就是说，有动机的行为是指向结果的。当人们预期自己能达到目标时，他们就会表现出行为。通过指向目标，人们将行为保持在正轨上，并且能够持续评估他们是否正在取得进展。

为了达到最佳的效果，目标需要个性化（也就是说，要特别适合为达到目标而努力工作的人），需要代表着最理想的挑战。当目标太容易实现时，人们可能感到无聊和没有动力；当目标太难实现时，人们也许备感焦虑和效率低下。

在管理者设定个人的界限时，重要的是从其他人的角度出发。我认识许多经理，他们通常每周工作 60 小时，晚上和周末都要工作，整个过程非常专注于任务。这样的人通常拿着丰厚的工资和名目繁多的津贴，他们的工作富有挑战性、令人兴奋，而且颇有回报。这是个人成就感的来源。但是，我有时看到的一个问题是，人们期望其他员工（如秘书或助理）在自己需要的时候就会出现，却没有意识到这种期望可能非常不合适。秘书或助理的生活也许无法满足这种期望，即使可以，在这种情况下，这样的期望仍是不合适的。

秘书或助理的工资很可能远低于经理的工资，而且，他们在非工作时间内无疑有些个人事务。此外，尽管经理们可能发现工作是实现个人成就感的一个重要来源，但秘书或助理也许并不这么认为。如果经理不从他人的角度出发，而是提出不合理的要求，就会造成不适当的压力。目标和标准必须是合理的，为所适用的人考虑到方方面面。

为工作团体及其成员（或者班级及其学生）设定最优目标的最好办法是让他们参与到这个过程中来。支持他们的自主，将制订出人们致力于实现的最佳目标，因为他们自己在制订这些目标的过程中扮演了积极的角色。团体或个人讨论可以鼓励指导者或教育者思考他们正在做什么，未来几周或几个月应该完成什么，可能出现什么样的潜在障碍，等等。这个过程在很多方面都是有用的：它将产生最佳目标，帮助人们反思自己的工作方式；鼓励他们接受新的挑战；增强他们实现目标的动机。而且，它提供了一个标准，以后可以根据该标准对绩效进行评估。

评价一个人的表现，总得根据一些明确的或隐含的标准。人们干得好还是不好，仅仅基于对他们在那个时间和地点的工作表现的一些期望。如果正确地设定了目标，它们就可以代表绩效评估的标准。重要的是，如果人们参与了目标的设定，他们也可以参与评估自己的绩效。还有谁比他们更清楚自己干得有多好呢？

在每个学年结束时，我都会和我的每一位研究生见面，探讨这一年的收获。对于学生取得的进步，我有自己的看法，也经常听取其他老师的意见。这样的面谈通常涉及很多方面，有时我们会谈到绩效评估。一开始，我让学生评估一下他自己的情况。让我一再感到惊讶的是，在进行这样的评估时，学生们通常会说出我脑海中想到的所有事情，然后还会说出一些我没有想到的事情，我几乎没有什么可补充的了。最理想的评估是人们根据自己设定并致力于达到的标准来评估自己的表现。

在任何一次评估过程中，当绩效达不到标准时，重要的是不把评估的结果当成批评的依据，而是将它看作需要解决的问题。换句话说，不要急于下结论说绩效不达标的原因在于人们的行为。也许是这些标准不合适，也许人们遇到了意想不到的障碍。即使绩效达不到标准确实在很大程度上是由于个人的行为造成的，我们也可以把它当成一个需要解决的问题，然后思考下次如何改进，而不是用批评的方式进行评估。这样一来，通常能够产生更积极的结果。

瑞安曾在某个学区举办过一次研讨会，一位五年级的女教师向他抱怨校长是怎样对待她的。事情似乎是这样的：女教师在前一个星期五的下午没有上交一份报告（她并不知道报告的目的何在），到了星期一早上，校长狠狠训斥了她一顿，指出她的行为简直不可接受。

瑞安向研讨会的小组成员提出了这个问题，询问他们应该如何处理。他们全都说出了正确的做法。首先，他们一致同意，在这种情况下，校长应该站出来解决问题。他们说，不能对类似这样错过最后期限的行为视而不见，但大家补充说，如果校长事先让女教师知道这份报告为什么如此重要，将会大有帮助。假如女教师知道报告这么重要，她可能愿意在周五加班写报告，或者周四晚上在家写报告。

研究小组还一致认为，最好不要假设问题出在她的行为上（可能是这种情况，但也可能不是这种情况），而是要对发生的事情持开放态度。也许周五下午发生了紧急情况，占用了女老师写报告的时间。即使问题是她没有付出必要的努力，更有成效的做法也是讨论而不是训斥。也许她感到负担过重，或者对报告有些陌生。校长和她一同努力，让她更多地参与进来，有可能获得更加积极的回报。

当然，真正的问题可能是该学校的工作人员之间缺乏充分的沟通。女老师不知道报告的目的这件事，显示确实就是这种情况。如果这是真的，校长应当处理这个问题，而不是责备她。

给予奖励和认可

我在一家大型公司担任顾问时，有一次在得克萨斯州的一个地区办事处参加了年终表彰仪式。表彰仪式设立了许多大奖，奖品包括大屏幕电视机、微波炉、职业足球比赛的门票等，每个奖项都将颁发给那些在某些标准上表现最好的个人或团队。尽管这是相当程序化的和可预测的,但看上去很有些喜庆的意味。

虽说如此,我还是忍不住在想,这并不是认可的最佳方式。每个奖项都颁发给了赢得一些竞赛的个人或团队,意味着获奖者与其他人之间相互对立,而公司原本应该鼓励他们密切协作。此外,竞赛中获得第二名的个人或团队(也许只比第一名差一点点)成了失败者。通常情况下,竞争者要么赢得全部,要么输掉全部,这意味着许多优秀的员工和团队也成了失败者。在每一项标准上都获得第二名或第三名(比如说,一共有8个名次)的团队得不到任何奖励,即使他们在某种意义上可能是本年度整体表现最好的团队。

事后,我问这家分公司的经理:"为什么不给每个团队最重要的成就或最大的进步颁奖呢?"这样一来,团队就可以与自己竞争,而不是和其他团队竞争,每个团队都可以成为赢家。当然,这种策略并不是激励员工的手段,而是一种对每个团队一年来辛勤工作表示感谢的手段。如果某个团队本年度业绩平平,这的确是需要继续解决的问题。但是,在表彰仪式上让他们沦为失败者不可能对他们有所帮助,因为表彰仪式的目的,原本就是为了增进团队成员对整个团队的良好感觉。

奖励和认可很重要,但正如研究清楚地表明的那样,我也已经多次重申,当我们使用奖励或奖赏来激励人们时,可能适得其反。对于员工来说,奖给他一块手表,可以强化他胜任的感觉,对于学生来说,给他颁发一颗金星,可能让他感觉得到了老师的认可和欣赏。但是,运用奖励是一条危险的道路,在涉及为什么运用它们以及如何运用它们的问题上,必须非常小心(而且要诚实)。

识别障碍

事实上，大多数老师、经理和父母在支持自主和提供选择方面做得不太理想，这就引出了为什么会这样的问题。毫无疑问，有些处于优势地位的人的性格倾向于控制他人，而不是支持他人（例如，专制的个性），这是一个难题。但是，支持自主还存在其他更大的和更容易改变的障碍。一个障碍是有些人不具备必要的技能来支持自主，他们需要培训。

我们在对施乐公司的研究中进行了一项培训干预，教一组经理如何对下属做出更敏感和更快的回应，如何提升主动性和责任感，以及如何提供选择和支持。干预开始于一个为期两天的非现场的研讨会，并在接下来的3个月里继续不时地召开研究、讨论和反馈会议。在干预之前和之后，我们对他们的管理方法进行了评估，评估结果的范围从高度控制到高度支持自主。结果我们发现，经理在培训期间确实变得更加支持自主了。或许更重要的是，我们还发现，在同一时期，这些经理的员工对工作场所的看法和态度变得更加积极。培训对受训的经理和他们监管的员工都有影响。

然而，控制的个性以及老师和经理技能的缺乏，并不是促进支持自主的唯一障碍。客观情况也会使得支持自主变得非常困难。老师们一次又一次地告诉我们，他们带着兴奋和热情开启自己的职业生涯，渴望与学生一同工作，促进学生的智力和个人发展。但是，老师们也说，随着时间的流逝，压力越来越大，要求越来越高，他们在很大程度上失去了热情。他们指出，标准化的课程是他们必须教授的特定教材，而且他们面临巨大的压力，要确保学生获得较好的标准化成绩。

在我们看来,这些压力实际上可能使得老师更加喜欢控制——他们感到有压力,因此反过来也会给学生带来压力。我们做了一个实验来验证这个假设。我们让老师到实验室,向学生传授如何解决问题。我们给了老师大量的时间来练习这些问题,为他们提供一系列有用的提示和所有问题的实际解决方案。然后我们将老师随机分配到两组中的一组,两组的情况除了我们对其中一组的老师做了额外的陈述之外,其余都一样。我们额外的陈述是这样的:"记住,作为一名老师,你有责任确保你的学生达到高标准。"

我们录下了接下来的教学环节,然后分析教学风格。结果令人震惊。我们提到过的那些"达到高标准"的老师,他们在授课时所讲的话是其他老师的两倍之多。另外,和其他老师相比,他们发出的指令多了两倍,说出的控制的语句也多了两倍(例如,使用类似于"应该"和"必须"这样的词)。

在某种程度上,这是相当讽刺的。家长、政客和学校管理人员全都希望学生能够创造性地解决问题,并且从深层次、概念性的角度来学习教材。但是,由于他们急于实现这些目标,他们向老师施加压力,要求老师有所作为。矛盾的是,他们做得越多,老师的控制就越强,正如我们多次看到的那样,这反过来削弱了学生的内在动机、创造力和概念理解。老师越是努力督促学生去取得成绩,学生取得优异成绩的可能性就越小。这同样适用于经理和其他处于优势地位的人。他们感受到要督促员工(或者孩子、运动员、学生)取得成果的压力越大,就会逼得越紧。不幸的是,在这个过程中,他们通常会破坏自己的努力。

尽管这个实验是和老师一起做的，但它确实与任何处于优势地位的人都有关。当父母或经理感受到更大的压力时，也更难做到对自主的支持。对任何处在优势地位的人来讲，当他们感受到压力时，控制他人似乎是一种"下意识"的反应，而这种反应可能有它的负面影响。这其中最重要的含义之一是，如果处于优势地位的人（如老师、家长和经理）自身没有获得对自主的支持，就无法有效地支持学生和员工的自主。找到这样的支持，也就是说，找到一个能帮助你满足自己对自主、胜任和联结需求的朋友圈子，是促进你去教育、照顾或者管理的人的自主最重要的方面之一。我们在第 12 章中还会再谈到这一点。

第 11 章

从探索动机开始

促进健康的行为

严重肥胖的卡洛琳接受了一个关于医生指导的饮食计划的访谈，今年39岁的她是两个孩子的母亲。她说她真的要减肥了，这对她来说很重要。当采访者问她为什么重要时，她号啕大哭起来。几分钟过去了，她依然沉默不语，后来她打开钱包，拿出了一张漂亮女人的照片，照片上的人看起来只有二十五六岁。她指着照片说："这是16年前我结婚时的样子。现在我丈夫说，如果我不减掉至少100磅，他就会离开我。"

和卡洛琳年龄、身材相仿的维多利亚也接受了采访。她更放松一些，她的故事也完全不同。她说她已经相当稳定地增加体重6～8年了。她还说，在工作和大家庭中感受到重重压力时，她就会不停地吃东西。过去6个月里，她一直在思考这个问题，并且做出了一个明确的决定：要为自己的健康负责。她下定决心少吃不健康的食物,并且开始有规律地锻炼。她想从低热量饮食开始,并咨询了一位运动理疗师。

这两个女人之间的对比令人震惊。卡洛琳是因为遭受到外部压力而减肥,维多利亚是因为她做出了要改变的个人承诺而减肥。因此,虽然这两种方法都有可能不同程度地让她们减肥,但维多利亚的努力可能更加成功。事实上,我和我的同事最近在一个关于如何促进健康的行为改变的研究项目中探讨了这个故事所包含的问题。例如,我们调查过,人们参加减肥计划、戒酒计划或戒烟计划的原因,是否能够预测他们在这些计划中的成功程度。

毫无疑问,过度肥胖会带来严重的健康风险,然而,数百万美国人还是不能控制自己的饮食、无法加强锻炼。同样,毫无疑问,吸烟也会带来严重的健康风险,然而,数百万美国人仍在吸烟。事实上,许多美国人经常从事各种不健康的行为,或者未能从事健康的行为。

如果说讣告描述了人们死亡的全部故事,那么,超过一半的人去世后的讣告会这么写:"这个人……过早地结束了他的生命。"从传统意义上讲,加引号的这句话,并不是在暗示自杀,而是在强调,行为以及影响行为的心理社会因素是导致死亡的重要因素。例如,医学研究人员 J. 迈克尔·麦金尼斯(J. Michael McGinnis)和威廉·福格(William Foege)最近开展的一项研究表明,吸烟、饮酒、缺乏锻炼以及不健康的饮食模式导致的死亡人数,占美国全部死亡人数的 1/3 以上,这些行为通常会导致癌症和心血管疾病。可以这么说,"人们的行为是冲着死亡而去的",然而,讣告只告知了导致他们死亡的疾病——癌症或心脏病。

在某种程度上，由于人们已经知道吸烟和肥胖对健康造成的严重危害，戒烟和节食成了大生意。《纽约时报》的畅销书排行榜经常包括减肥书籍；戒烟计划数量激增，有的人参加了好几个；在某些圈子里，加入健身俱乐部是必需的。所有这些都表明，人们对各种与健康相关的活动的风险和好处有所了解，因此努力改变，但结果通常令人沮丧。如果某个戒烟计划10%的参与者能够长期保持克制，那么，该计划就会被认为是成功的。而人们在参加节食计划后的3～4年里若是能够保持体重不增加，则是十分罕见的现象。

我和理查德·瑞安在实验室、家庭、学校和企业中研究动机多年之后，准备开始探索促进健康行为所涉及的动机问题。当时，杰弗里·威廉姆斯（Geoffrey Williams）是名年轻的内科医生，也是罗切斯特大学医学院的教员。他开始对医生和患者之间互动的心理意义感兴趣，因为他对许多患者对待医嘱的方式感到不满。那些患者期待他能够治好他们的病，但后来却没能遵照他的处方去做。于是，杰弗里·威廉姆斯加入了我们，我们三人开始探索为什么那么多人不遵守医疗方案，在减肥、戒烟、戒酒等方面终告失败。

改变的理由

刚开始时，我们决定重点关注人们为什么会参加那些旨在改变自毁行为的计划。瑞安和他的同事在一个酒精治疗计划中着手进行第一项研究，威廉姆斯和他的同事则在一个临床减肥计划中进行第二项研究。我们开发了一个名为"治疗的自我调节问卷"（Treatment

Self-Regulation Questionnaire）的调查工具，向参与者询问一系列涉及他们为什么要参加这个计划的问题。

我们感兴趣的是每个患者在参与戒酒或减肥计划时的自主和自我决定，因此，所有的问题都集中在这一点上。一些人关注那些可能迫使人们参与的外部因素，比如他们的朋友或配偶坚持让他们参加。这些都是最具控制力和最缺乏自主的原因。有些问题着重关注参与时的内摄的原因，比如为自己的肥胖感到羞愧，由于自己酗酒而感觉自己是个坏人，或者认为自己应当改变。这些原因仍然极具控制性，因为在这些情况下，人们被自己内心的想法所催促和强迫。对他们来说，自己压迫自己毫无疑问比受到别人的压迫更好一些，但我们过去在其他领域的研究表明，只有当人们完全支持改变时，只有当他们在放松自如的状态下做出承诺，而且这种承诺体现了个人对改变的深刻选择时，他们才会自主地行事，才会有更高的概率成功戒烟、戒酒、减肥，或者其他。自主选择加入这些计划的人们，其原因是他们准备改掉自己的酗酒或不良饮食行为，因为厌倦了迟钝和宿醉的感觉，厌倦了酗酒造成的紧张关系，或者讨厌严重肥胖造成的感觉迟钝和行动不便。他们只是在着手提高自己的生活质量。

对人们来说，戒酒、戒烟、控制饮食、加强锻炼，所有这些看起来都是那么合理，那么自然，事实上这些都是以生存为导向的。然而，许多人却继续他们的不健康行为。因此，人们可能想知道，为什么所有参与治疗计划的人都不愿意对自己的饮食行为负责，更概括的问题是，为什么人们不愿意完全自主地对那些能让他们更健康的行为进行自我调节。

原因很简单，酗酒、吸烟和暴饮暴食都是有目的的。它们与焦虑捆绑在一起，是一种逃避压力的方式，给人带来安慰。例如，喝酒可以减轻人们的孤独感；吃东西能让人们不再害怕被拒绝；吸烟可以帮助人们忍受在社交场合遇到一群人时的紧张情绪。这些行为中的每一种，都可以服务于众多不同目的，使得人们不愿意摒弃它们。

例如，一位 30 岁出头的广告主管在偶尔感到沮丧的时候会用酒精来振作一下精神，当他在一天的紧张工作中受到过度刺激时，也会用酒精使自己冷静下来。事实上，对他来讲，不管是什么样的情绪波动，酒精都是一种诱惑和多用途的缓和剂。当他走进聚会场合，感到太难为情而说不出话来时，喝上一两杯，就会变得健谈甚至风趣。当他在等着听老板对于他提交的某个项目的意见时，喝点酒可以帮助他忍受这种不确定性。当他即将与人约会或者跟人们见面但感觉不太好时，他也发现喝杯酒很有帮助。

在他独处的时候，尤其是在宿醉后的第二天清晨，他会有一种不安的感觉，觉得自己过度饮酒从长期来看可能会付出一些代价。的确，在许多这样的早晨，他都决心戒酒。但这种决心是脆弱的，只能持续到那些不舒服的感觉（比如抑郁、过度刺激、自我意识或恐惧）再次出现时。

为了做好改变自我伤害行为的准备，人们必须做到这些：愿意让这种行为所掩盖的感觉存在。他们必须做好心理准备，去感受对不满足的恐惧、对被遗弃的痛苦的恐惧、对死亡的恐惧，或者任何持续引发不健康行为的事情。他们必须不去介意在别人都喝酒的聚会上喝苏打水时"感觉与众不同"；他们必须做好心理准备抵制摆在桌子上的丰盛甜点；当他们本想坐着看电视的时候，必须愿意起身去慢跑。

当人们做好准备为这些与他们的幸福直接相关的行为承担最为深刻的责任时，他们可能收获巨大的回报。在瑞安和他的同事所做的关于酒精治疗的研究中，那些真正为自己而行事的参与者（也就是说，出于支持自主的原因而不是控制的原因）更频繁地参加这个计划。他们坚持了下来，没有中途退出。同样，在威廉姆斯及其同事的减肥研究中，出于更加自主的原因而参加减肥计划的患者，不仅在为期6个月的超低卡路里饮食计划中更频繁地参加了每周例会，而且在这段时间内体重减轻更为明显。此外，随后两年的随访结果显示，他们的减肥效果也保持得更好。这些人真的下定决心做出改变，他们以一种对自己的健康很重要的方式参与了改变的过程，这种改变是整合的、自主的。他们取得了预防疾病和增进健康的具体成果。

当然，一些违背初衷的行为也涉及生理过程。例如，人们在生理上对酒精和尼古丁上瘾。同时，最近的证据表明，肥胖也可能有遗传倾向。但这些生理过程并不会直接导致行为产生，因为相关行为还受到心理过程的影响。上瘾或者具有遗传倾向的人可能发现，和那些不需要对抗这些力量的人相比，他们更难做出改变，但他们还是可以戒除瘾性，而且，当他们真的准备好了这么做时，也可以克服遗传倾向的影响。当人们准备好为自己的行为和健康承担责任时，也就是说，当他们准备好了做出深刻的个人承诺并接受伴随改变而来的不舒服的感觉时，改变的努力很可能获得成功。

人们成功地改变行为，从他们对自己的动机产生真正兴趣开始。这意味着问问他们自己为什么要改变，坦诚地思考自己对这个问题的回答。如果他们想到的原因是别人给他们施加了压力，或者认为为了活得更久而应该改变，或者想要维持某种形象，那么，这样的开始是十分糟糕的。这些理由不是很有说服力，而且不太可能激发有意义的改变，因为它们缺乏个人支持。

回想一下那位广告主管，他只有在宿醉太严重时才决定改变。他的理由是肤浅的，没有体现个人的决心，所以他没有下定决心尝试改变。事实上，如果我听到他给出这样的理由，我会想："没有必要费心去尝试。"

相比之下，想想这里介绍的一位从十几岁就开始抽烟的女性。她之所以这么小就开始抽烟，是因为当时她所有的朋友都在抽，她觉得抽烟有助于自己看起来成熟和性感。后来，她变得烟不离手了，到 21 岁时每天抽 3 包。她曾经尝试过戒烟，但几次下来，戒烟的效果并不比广告主管偶尔"戒酒"更好。不过，后来发生在这个年轻女性身上的事情，改变了这一切。她爱上了一个风度翩翩、性格外向、心怀梦想、行事有条不紊的男人。他不吸烟，虽然他并没有督促她戒烟，但为她树立了一个榜样。更重要的是，当她开始憧憬两个人未来要共同生活时，她想到了随着孩子们慢慢长大，吸烟会给孩子们以及她自己带来伤害。事实上，她真的戒烟了，尽管并不容易，但还是坚持了下来。为什么？因为她找到了一个真正有意义的个人理由，而且，一旦找到这样的理由，她就有着坚定的决心去坚持到底。

做出改变是一项只能由个人为自己做出的决定。这意味着要探索他们想要改变的原因，同时关注他们从这种行为中获得的好处。

通过探究自己的动机，人们能够做出真正的选择。选择可能是改变，但也可能是继续这种行为，这取决于他们自己。但是，除非他们对自己潜在的动机感兴趣并且做出真正的选择，否则，自我伤害的行为将继续"控制他们"。

探索一个人的动机可能是个困难的过程，将一个真正的选择付诸行动同样也可能是困难的，但这些都是成功改变的起点。

不遵守医嘱

如今，医疗机构通常面临的重大问题之一是患者不遵医嘱。大部分患者不按规定服药，要么吃得太多，要么吃得太少。他们会忘记服药一两天；他们有时记得，但另一些时候不记得；或者，他们根本就不在乎。这种不遵医嘱的做法将带来一系列后果，使疾病恶化，产成更高的医疗保健费用；导致医生不得不开具药效更强的医疗处方，但这些处方往往毒性也更强；对于那些认为药物理应具有积极作用的医生来说，这种不遵医嘱的做法，可能让他们感到困惑。

不遵医嘱也是医学研究中的一个问题。如果在一项重要的临床研究中，研究人员给实验对象开了一种药，但后者没有按规定服药，那么，研究测试可能无效。若是这些实验对象撒谎说他们遵循了处方，则可能导致研究人员得出不准确的医疗结论，长此以往，将对其他患者产生潜在的有害影响。

由于患者不遵医嘱，许多医生对患者采取高压手段，一方面高度专制，另一方面使用各种恐吓手段，但问题仍然存在。

我们处理这个问题的方法与许多人采取的控制立场有很大不同。事实上，我们甚至没有将这个问题说成是一个关于顺从的问题。顺从传递了一种"做个小卒"的感觉，传递了一种"因为别人告诉你要做某件事，你才去做某事"的感觉。因此，使用这个词，可能强化这样一种观点，即"鼓励人们采用促进健康的方式行事"，就是控制他们的行为——让他们顺从。相反，我们的观点是，如果人们觉得自己是自主的，如果他们这么做的原因是为了他们自己，如果他们愿意为病情好转承担责任，那就要坚持服药。

在最近的一项研究中，威廉姆斯和心理学家盖尔·罗丁（Gail Rodin）等人评估了患者服药的理由。这些患者都在长期服药，以治疗各种疾病，如心绞痛、绝经后的症状以及高血压等。有的患者赞同一些控制的理由，比如，他们之所以服药，是因为医生告诉他们应该服药。还有的人则支持更加自主的理由，比如，他们服药是因为健康对他们个人来说很重要。在接下来的两周内，研究人员对这些患者的服药情况进行了跟踪调查，数据显示，那些为自己而服药的患者（他们的理由是自主的）在遵循处方方面要可靠得多。他们的医生开了处方，他们也承担了遵照处方服药的全部责任。处方是医生开的，但只要人们接受了，坚持服药就不成问题了。

要再次强调的是，接受责任需要人们对自己的动机感兴趣。很简单，这意味着要考虑他们是否相信药物的效用，并且决定他们是不是想要康复得足够好，使得医生愿意为此付出努力或者想办法提供支持以帮助他们。这是他们的瓶颈。如果他们确实相信处方的价值,如果他们确实认为值得付出努力去追求健康,那么,他们很可能坚持服药。

支持患者的自主

我刚刚搬到罗切斯特时,需要找一名内科医生,所以四处咨询。有人告诉了我一个医生的名字,我另外找人核实了一下,他们告诉我这名医生很好。我首先预约了一次体检。但是,从我第一次去找这名医生做体检开始,我就对他的人际交往方式感到不舒服。地位的差别在某种程度上已经一目了然:他比我强,我比他弱。有一次,他对他的一名员工说了一句贬损的话,埋怨员工做事不够快,之后,我就没有再找这名医生了。和他的交流充满了对与错、好与坏的判断,他坚定地告诉我应该做什么、不应该做什么。我在他面前感到局促不安,因此没有提出任何问题。我不仅保留了一两个问题没问他,而且在离开他的办公室之前,甚至想不起还要问他别的问题。

我记得,在我第一次去看这名医生之后,有一次我又生病了,但不愿意打电话给这位医生。我在自己的脑子里一遍又一遍地对自己说,我是应该打电话给他呢,还是不打电话给他。幸运的是,过了几天,我觉得自己好起来了。但是,假如我的问题变得更严重呢?回想起这件事,对我来说最值得注意的是,尽管当时我还是个年轻人,但已经陷入了一种关系之中。在这种关系中,从本质上讲,我就像个孩子。作为对医生的批评和专制作风的回应,我没再找这名医生了。

我对这位医生的反应，和我住在帕洛阿尔托时对一位牙医的反应形成了惊人的对比。第一次见到那位牙医时，我坐在一张椅子上，从一扇大窗户望出去，看到的是一个院子，院里有一棵百年老橡树，我立马感到十分舒心。医生进来时穿的是夏威夷印花衬衫，而不是白大褂，他用自己的名字做了自我介绍。他的助手们显然十分尊敬他，但也直呼他的名字。我很容易就能向他提出问题来，他的回答包含了我想要的所有信息。在第一次预约的时候，我就认为他是个很棒的牙医。尽管我对他的专业知识和权威怀有极大的敬意，但并不觉得自己在他面前处于劣势地位。我开始更经常地到这位牙医那里用牙线清洁牙齿，并且觉得，如果我需要他就可以去找他。

从我对这两位医生的亲身体验可以很清楚地看出，医生对待患者的导向，必定对患者产生实质性的影响，在我看来，牙医的行事风格在两人中似乎更好。后来，经过多年的动机研究，我找到了合适的术语来描述这两位医生。前者显然是控制型，后者是支持自主型。我们过去所有的研究都得出了这样的预测，最终我们也对预测进行了检验，结果发现支持自主的医生不但会让大多数患者感觉更好（就像我一样），而且还会产生积极的激励效果。

威廉姆斯、瑞安和我进行了几项调查，以探索患者对医生"具有支持自主的（而非控制的）风格"所持的看法是否真的会影响患者本人的动机和健康状况。例如，在前面提到的减肥研究中，我们评估了减肥者对工作人员的看法。我们发现，当减肥者认为工作人员更加支持自主时，就有着更加自主的理由去遵守减肥计划的指南，而这些指南反过来又预测了减肥者在两年时间里体重会持续减轻。患者的自主（真正的自我调节）对健康行为至关重要，实际上似乎受到了理解他们的医生的影响。

我们在患者遵循医嘱情况的研究中发现了同样的结果。患者对医生是否支持自主的感知，与患者对服药的更为自主或整合的理由的认可有关，而后者又与更加遵循医嘱有关。这些研究和其他研究证实，当医生认识到心理社会因素对患者健康的重要性，从而以更有利于自主的方式与患者相处时，患者可能在动机方面变得更加自主，并且长期以更健康的方式行事。

有时候人们会问，要如何判断他们的医生是否支持自主。答案其实很简单——当你离开医生办公室时，注意你的感觉。离开时，你是否像我离开前面介绍过的内科医生办公室那样感到压抑、被动、身处劣势？还是像我离开牙医诊所时那样感到舒心和被尊重？

生物-心理-社会方法

在整个20世纪，美国医学界越来越关注医疗保健的技术层面，并采用一种生物医学方法（biomedical approach）的观点。人们从生物学的角度来看待疾病，认为疾病是由细菌或器官功能失调引起的，并且通过药物和外科干预来治疗疾病。狭隘的专业化已变得十分常见，比如说，整形外科医生只对患者的手腕做手术，或者内科医生只治疗肾脏问题，而这是生物医学方法的自然结果，注重技术层面会使人们为了成为真正的专家而专业化。随着对生物学原因和治疗方法的关注，医生已经开始倾向于治疗器官，而不是治疗整个人。反过来，患者常常感到他们与医生没有关系，也没有获得自己的健康管理所需的信息。因此，对技术层面的高度关注，扩大了开具处方的专家医生和应当遵守医生处方的患者之间的鸿沟。

尽管许多医生对生物医学模式感到很舒服，并据此开展工作，但越来越多的医生对现代医学的去人性化感到隐隐不安。这些医生渴求 20 世纪 50 年代全科医生提供的个人护理模式，当然，还要加上 20 世纪 90 年代的医学知识。

25 年来，罗切斯特大学医学中心一直倡导一种被称为生物－心理－社会方法（biopsychosocial approach）的替代观点。在这种观点看来，疾病涉及自然系统相互作用的许多方面，包括化学的、神经的、心理的和社会的方面。因为任何一个方面的变化都会导致其他方面的变化，所以，每一个方面都是人类疾病的元凶和人类健康的贡献者。例如，汉斯·塞利（Hans Selye）的开创性工作表明，压力可以通过过度激活自主神经系统来影响身体的所有器官。事实上，不同的心理状态会导致众多生理变化，比如腺体分泌过剩、肌肉组织僵化、免疫系统抑制，所有这些现象都涉及癌症、心脏病、糖尿病和其他疾病的发病。正是这些疾病，成为导致大多数美国人死亡的元凶。

因此，心理和人际因素可能影响躯体功能，进而直接影响人的健康。但同样重要的是，心理社会因素也可以通过影响人们的行为间接地影响其健康。这本书中所描述的心理的和人际的过程，都与人的动机和自主有关，都会影响与身心健康有关的行为。

暴饮暴食、吸烟、酗酒、吃不健康食品、冒险驾驶、无保护的性行为以及摆弄枪支等高风险的行为，背后都有动机在支持，也就是说，它们是由心理和社会因素决定的。朋友们都在这么做，所以你不能拒绝，你脆弱的自我驱使你去做。你内心的骚动似乎剧烈到无法承受的地步，而这种行为又会让你从这种骚动中分心。当局对此发出了警告，因此，你内心这种无视管制的倾向会让你想这么做。这些动机的每一个原因都表明，当人们的自主性较低时，也就是说，当他们受到更多控制时，更有可能从事有害的行为。

同样，我们的研究一再表明，促使人们改变这些不健康行为的因素，也具有激励作用。回想一下威廉姆斯及其同事的研究，他们发现，当人们的减肥动机是自主的而不是受控制的时，也就是讲，当他们是为自己而不是为别人减肥时，他们在为期两年的减肥过程中更为成功。一般来讲，当人们更加自主时，也就是当他们更加受到内在的激励，并且将一些重要行为的规则整合起来时，不仅一开始就不太可能从事高风险行为，而且，即使他们被这些行为迷住了，也更能摆脱这些行为。

生物-心理-社会的治疗方法强调在医生和患者之间建立伙伴关系，它认识到医生治疗整个人的重要性，并且意识到社会和心理过程是幸福的组成部分。因此，举例来说，该方法强调，医生与患者的互动方式能够影响患者是否以健康的方式行事，比如服药、减肥、戒烟，诸如此类。

医生鼓励患者积极管理自己的健康，也就是鼓励患者提出问题并参与制订可行的医疗保健问题解决方案。当然，医生会提供有价值的信息和关于治疗计划的建议，但鼓励患者考虑各种选择，并在决定治疗计划时发挥作用。行为并不是由提供方规定的，相反，合作关系由医患双方共同决定。这样,患者不仅可以提供有价值的见解(记住,这里是患者而不是医生知道自己能够做什么),而且更有动力去实施这些计划。长期以来,人们在人类活动的所有领域都认识到,当人们在决定做什么和如何做的过程中发挥作用时,他们将更加致力于执行这个决定。

所有的支持自主的特点,比如从他人的角度来看问题,给予选择,提供其他人可能无法获悉的相关信息,给出建议或要求的理由,承认对方的感受,尽量减少使用控制的语言和态度等,都很好地描述了什么是医学实践的心理社会方面,或者什么是以患者为中心的医学实践。它们有助于建立伙伴关系,而且这种关系是生物-心理-社会方法支持的医生的态度和行为。

因此,要在医疗保健领域建立伙伴关系,就需要医生"支持自主并从患者的角度出发"。所以,我们关于医生与患者的导向(无论是支持自主还是控制)将怎样影响患者的动机和健康的研究,有助于验证促进健康行为改变的生物-心理-社会方法。

责任和支持自主

当医生支持自主时,他们更有可能理解和接受为什么患者会吸烟、喝酒或暴饮暴食。有了这样的了解,他们就能与患者一起制订可能成功的治疗计划。从医生的角度强加的治疗计划,不考虑患者的独特需求和障碍,很可能最终导致失败。还记得那个例子吗?一位女性在医生采用控制的方法治疗她的高血压时,她没有按规定服用药物，但在更换了一名支持自主的医生后，她在服药方面变得非常准时了。

最后，患者的行为（以及患者的健康）是他自己的责任。如果患者不愿意合作，医生若是不采取强制住院、强制用药等强制措施，无法使之康复。患者有权吸烟，而如果他们决定吸烟，即使他们和医生都知道这是有害的，医生也得尊重他们的决定。医生不能阻止患者这样做，而且在大多数情况下，当医生越过顾问和控制者之间的界限时，就走得太远了。他们承担了本该由患者承担的责任。

虽然患者的健康行为是他自己的责任，但是医生有责任鼓励患者以健康的方式行事。因此，医生必须注意这条分界线，在不控制患者的情况下促进健康行为产生。要做到这一点，向患者提供信息十分重要——例如，可以告诉患者，尼古丁将加重高血压，而患者尤其容易受到这些影响。同样重要的是，医生要以一种支持自主的方式谈论健康风险，通过传递他们关心患者的健康并愿意提供帮助的信息，鼓励患者做出改变。但当他们走得太远，进而开始控制时，很可能适得其反。

我听过一个72岁的坏脾气老烟枪的故事，他在佛罗里达安度晚年。多年来，医生们一直警告他戒烟，他们说，如果他不戒烟，香烟肯定会夺去他的生命。在他生命即将走到尽头时，他得了脑瘤，在弥留之际，他告诉那些医生，自己得的是脑瘤，而不是与香烟有关的疾病。但事情没那么简单，他抗拒医生的治疗，因为觉得医生控制欲太强了。他也为自己的抗拒付出了代价，虽说香烟并没有结束他的生命，但确实降低了他最后几年的生活质量。他每天早晨咳痰，爬楼梯或爬山时气喘吁吁，都是拜香烟所赐。

当然，我不会把所有责任都推到医生身上。这个人本来可以决定戒烟，改善自己的生活。我本来可以表现得更成熟些，来回应我在罗切斯特找到的第一位内科医生。医生的行事风格当然对患者有影响，但是患者可以不受其影响，这一点，我们将在下一章中描述。我本来可以更加积极地提问，更加自信地得到我需要的信息。但我没有为我自己以及为我自己的健康承担这些责任，后来过了一段时间，我才开始探索自己的动机，并且开始以一种更加自我决定的方式来行事。

因此，人们与健康相关的行为，是他们自己的动机与医生风格的相互作用。为了更积极的结果，人们可以探索自己的动机，以找到真正的渴望来采取健康的行事方式，而且，医疗机构可以变得更加支持自主。

学习支持他人自主

因为医生支持自主对促进患者的健康很重要，威廉姆斯和我于是认为，探索如何训练医生变得更加支持自主和以患者为中心将是一件值得努力的事情。我们接触了两所医学院的二年级学生，他们正参加一个医学访谈课程。在那里，有抱负的医生学会了如何与患者相处，也就是如何提供和获取相关信息。在访谈课程开始时，我们评估了学生选择这门课程的原因，以确定他们在动机上的自主情况以及对心理－社会－方法的态度。在为期5个月的访谈课程结束时，我们评估了同样的变量，还了解了学生对老师支持自主的能力的看法。这两所大学共有 20 多名老师，他们在教学风格上支持自主的情况和控制的情况差异很大。

结果表明，老师在教学方法上更为支持自主，学生学习访谈及医患沟通的过程就更为自主。反过来，随着他们在自己的学习行为中更加自主，他们对生物－心理－社会方法也产生了更积极的态度。从本质上讲，支持学生自主的老师鼓励心理社会价值的内化与整合。

几个月后，这些学生在访谈模拟患者时，研究人员对访谈进行了录音并随后进行了分析。录音分析的结果表明，在自己的动机上变得更加自主并且整合了心理社会方法的价值的医学学生，比没有这样做的学生更加"以患者为中心"，他们支持患者的自主。

在对医学生开展的研究中，最有趣的发现之一是支持自主的教学风格促使学生采用更加支持自主的方式与患者交流。事实上，当我们把书中提到的所有研究汇总起来时，便会发现，好家长、好老师、好经理或好医生都有一些共同之处，那就是：他们都采用支持自主的人际风格。事实上，任何一位处于优势地位的人要取得成功，与处于劣势地位的人的绩效、发展和幸福也有关，这需要处于优势地位的人从支持自主的人际风格开始。首先要开放地倾听，这样才能从别人的角度了解情况。

第 12 章

摆脱束缚,接纳自我

在控制中做到自主

美国历史上充满了传奇人物。像亚伯拉罕·林肯(Abraham Lincoln)这样的人,克服了重重困难,最终取得伟大成就。事实上,这些人不只是传奇,还是自力更生的典范。毕竟,林肯战胜了贫穷的环境,在没有获得正规教育的情况下自学成才。

同样,今天我们可以看到,在贫民区或农村,无数人尽管在贫困和被忽视的环境中长大,却在事业上取得了卓越的成就——或者,就其本身而言,拥有了稳定而令人满意的生活,为他们的孩子提供他们自己没有得到过的东西,并且以一种感恩的心态为其所在的社区做贡献。

尽管人们的动机、行为和幸福感都受到社会环境的强烈影响,但有趣的是,有些人在经历了充斥着压力、混乱、虐待或忽视的成长环境后仍能取得令人钦佩的成就。如何解释这个看似令人困惑的问题呢？

首先我们必须认识到，人人生来不同。在每个人的特征（身高、智力、攻击性或者其他任何特征）上，人们不但彼此各异，而且倾向于符合所谓的正态分布，即我们熟知的钟形曲线。这意味着，在环境对人们产生任何影响之前，每个人在每个特质维度上都有自己的起点。

每一个维度都有它的平均值，也就是技术上所说的均值。比如，大多数人的身高和智商都集中在平均水平附近。离均值越远，例子越少。例如，人类的平均智商是 100 左右，2/3 的人智商在 90 到 110。相比之下，只有 2% 的人智商在 120 到 140，而智商在 60 到 80 的人，也只有 2%。

有充分的证据表明，儿童在心理和生理变量上都存在个体差异，而这些是我们正在解决的问题的关键。例如，大量的研究已经证明，人的气质存在先天差异。有些婴儿可爱快乐，另一些则孤僻易怒。有些婴儿活泼活跃，另一些则毫无活力、被动消极。这些活力和主动性的品质，当然与内在动机有关。

孩子越有活力，越积极主动，就能够越发出色地发展自主和自信的品质，但这仅仅是个开始。环境对这些过程有直接的影响，如果环境能满足人们的基本需要，就会促进健康发展；如果环境不能满足人的基本需要，就会减缓发展。但这依然留下一个问题：为什么有些人能够在这些环境影响下做得相当好？

找到特定的支持

一些在不良环境中长大的孩子能够找到和他们有特殊关系的成年人。毫无疑问，一开始就积极主动的孩子尤其如此。很多时候，经历过艰难困苦的人们会讲几个故事，涉及一些真正相信他们的人给予他们需要的支持，让他们相信自己。这些给予他们支持的人有时候是亲戚，有时候是老师或教练。不管是谁，如果孩子能够吸引某个真正相信他们的特殊人物的持续支持，就可能会不受周围环境的影响。如果他们一开始就有着特殊的先天特征，这种可能性就更大。

我听过一位学校负责人的故事——我管他叫罗伯特。罗伯特在一个非常贫困的社区长大，有一个哥哥和一个姐姐，但从未见过他的父亲。他的母亲那时靠做清洁工来维持家庭支出，所以很少在家。他对他上过的学校的描述，听起来像一场噩梦。

罗伯特现在住在舒适的郊区，他的两个孩子似乎很享受生活，加入了几个志愿者组织。罗伯特的童年故事中有几个值得注意的重要人物。当罗伯特还是个孩子时，他的祖母住在两个街区之外，他们之间有一种特殊的感情。从他很小的时候，祖母和他就住在一起，后来，祖母帮助他完成学业。他的故事还经常提到一个人，那个人是他所在社区服务中心的体育指导员。罗伯特篮球打得特别好，还参加其他体育活动。体育指导员结婚以后，有了自己的家庭，他还是花不少时间和罗伯特在一起。我认为这两段特殊的关系对罗伯特产生了巨大的影响，使他将自己身上明显独特的天赋付诸实际应用之中。

个人和他们的社会环境

当然，在贫困或高压环境下，没人能具备这种特殊关系的优势，但是，人们确实有可能积极地影响他们的社会世界，也有可能受其影响。我一再强调，控制 vs 支持自主的环境有着深远的影响，可以贯穿人们的一生，影响动机、行为和发展。但在某种程度上，人们影响着他们的社会世界，而社会世界也反过来影响他们。这其中一个非常重要的含义是，那些可爱的、有活力的、积极主动的孩子，很可能会从他们的照顾者身上得到最好的东西。通过变得更重要、更有吸引力，孩子们可以从那些对其他孩子更冷淡、更有控制欲的家长和老师那里获得更多的关注和对自主的支持。这一点点对自主的额外支持，可以给这些孩子额外的动力。

因此，儿童的先天特征不仅直接影响其行为和发展，而且还对社会环境产生影响，进而影响儿童的发展。社会环境具有其自身的稳定特征，但哪怕人们对社会环境只能产生微小的影响，其意义都是重大的，这一事实有助于解释为什么有些人能够在贫困或高压的环境中以更加积极的姿态出现。

人们经常听到老师说，支持积极主动的学生的自主很容易，但是，消极或好斗的孩子似乎只是需要控制。当孩子想要别人控制他们自己时，人们很容易陷入控制他们的陷阱，这进一步阻碍了他们的发展。以两个孩子为例，一个是比平常孩子稍稍被动一些的孩子，另一个是比平常孩子稍稍主动一些的孩子，他们进入同一间教室，有同一个老师，老师的教学风格一直是控制型的。面对两个孩子时，老师对他们的态度略有不同，对前者施加更多控制，给后者给予更多支持自主。在老师看来，第一个孩子需要更多的控制，而第二个孩子则更有能力为自己负责。当然，同样的老师在同一间教室里为两个孩子提供的这些不同的人际环境，对两个孩子的影响是不同的，所以，到学年结束的时候，两个孩子与最初相比更不一样了。第一个孩子更加被动，第二个孩子更加自主。他们在钟形曲线上的相对位置发生了变化。

随着发展的推进，人们对社会环境产生了期望。例如，如果一个女孩在她人生的前5年生活在极度控制的家庭里，那么，她在入学的时候也可能预期自己将在极度控制的环境中学习，而且在某种程度上，她会表现得好像学校确实在严格控制学生。

想象一下这样的情形：两个不同的人在同一个工作岗位上工作，经理对他们一视同仁。然而，他们的经历也许截然不同。一名员工可能认为这是一种对自主的更大的支持，另一名员工可能认为这是一种更强的控制，这是因为这两名员工在面对这种情况时有着不同的预期和敏感程度。第一个人可能觉得这种环境支持选择，所以，他会在做出选择时运用环境中的相关信息，而另一个人可能把评论当成是批评，把请求当成是要求。前者会更加自主地行动，而后者要么服从，要么反抗。

从发展的角度看，基于过去事件的不同预期而产生的体验，可能导致一个人变得更加自主而另一个人变得更加受控制，即使两个人在相同的环境中和谐相处，受到的对待也相同。当然，环境（例如他们的老师）可能不会完全相同地对待两个这样的人，我只是在强调，人们先入为主的期望将影响他们如何解读社会环境，从而影响他们能否超越这种环境。如果一个人产生了支持自主的期望，就像学校负责人罗伯特可能从他的祖母和体育指导员那里获得的那样,那么,这个人在某种情况下可能比其他抱有不同期望的人表现得更好。

出生在人际关系较差和贫困家庭的孩子,面临的问题比出生在有足够支持的家庭的孩子严重得多,但是有些人(如亚伯拉罕·林肯)从这些看似贫困的家庭中走出来,成为生活中的楷模。现在,对于这一切究竟怎么发生的,我们有了几个答案。首先,这些人小的时候可能是极少数在某些心理特征方面(也许是生理特征方面)远超平均水平的儿童,而这些特征有助于儿童以健康、自主的方式发展。其次,这些人可能找到了一位特别人物给他们提供他们需要的人际关系的滋养。再次,他们实际上可能影响了生活中冷漠和控制欲强的成年人,使之少一点冷漠、少一点控制。最后,他们可能已经形成了某种预期,这使得他们将各种不同的环境解释为比实际情况更加支持自主。

社会环境无论是压迫的还是滋养的,都对孩子的发展有着巨大的影响,这的确是事实,但是,刚刚概述的这四个过程中的每一个,都是从个人开始而不是从环境开始的,并且每一个都有助于解释为什么人们身处相对贫困的环境却依然表现优异,或者,当这些过程朝相反方向发展时,做得比预期更糟糕。

认识到我们的孩子、学生、员工和患者能够影响我们对待他们的方式,对我们作为家长、老师、经理和医生来说,是一个非常重要的挑战。这里的挑战是要支持自主,甚至是支持那些促使我们控制他们的人。正是那些更加被动、顺从和反抗的人,最需要一种理想的人际环境(比如,投入的、支持自主的和敏感地设定界限的环境），但是，也正是这些人，我们最难为他们创造这种环境。

人与环境的互动贯穿人的一生。在面对每一种新的情境时，人们都有自己的特点和解释方式，这些特点和解释方式部分来自过去与环境的互动，并且将会影响未来的互动。人们在不同情境中的这些个体差异，使得他们对情境的反应具有一定的可预测性，再加上对情境本身的描述，它们在很大程度上解释了人们与环境之间的互动。

动机的个体差异

理查德·瑞安和我以及许多合作者参与了一个长期的研究项目，研究人们动机的个体差异如何影响他们的生活。我们推断，在某种程度上，每个人都是自主的，正是人们的这种特性引导着他们寻找支持自主的环境，并影响他人以一种更支持自主的方式对待他们。同样，每个人的行为都在某种程度上受到控制（例如，顺从或反抗），他们的这种特征寻求或创造着控制。我们感兴趣的问题是，个体的自主倾向（与受控制的倾向相对）与广泛的个人特征和行为有什么关系。

我们首先研发了一种心理测量工具来测量人们自主导向和控制导向的程度。结果发现，自主导向越强的人，自尊心越强，自我实现的能力也越强，他们人格的整合程度越高。换句话讲，自主性越强的人，其人格与行为之间的一致性也越强。此外，自主倾向更强烈的人，心理更健康，对人际关系更满意。

显然，自主导向与人格的积极方面有关。更有趣的是，研究发现，强烈的自主倾向会让人们体验到更加支持自主的社会环境。这证实了一点：人们可以通过他们的行为和期望来影响他们的环境，使得环境为他们提供更多他们需要的东西。

例如，在一项研究中，某减肥计划中的一位性格更倾向于自主的患者认为他们的医生更支持他们的自主，而这些认知反过来又对健康产生了积极的影响。在另一项研究中，性格更倾向于自主的医学院学生感受到他们的导师更加支持自主，这同样产生了积极的结果。

重要的是，无论在理论上还是实践上，人们的行为在多大程度上是自主的、创造性的、至关重要的并且受到内在动机激励的，取决于他们自己的个性（我们称之为他们的自主导向）与社会环境支持自主的程度之间的相互作用。虽然社会环境在影响人们的动机和行为方面极为重要，但是，人们的性格也会影响他们的动机和行为，更重要的是，还会影响社会环境。反过来，社会环境也会影响他们。

促进自身的发展

这一点极其重要：环境给了人们促进自身发展的机会。环境对人们的影响可能确实比他们想象的要大——其作用微妙而深远。环境也的确可能破坏人们的内在动机，让他们甚至还没有意识到这一点就被动顺从。但是，出于同样的原因，人们可以改变这一切，可以开始更加自主地行动，可以弄清楚自己需要什么，并且可以开始对世界采取行动来获得自己需要的东西。

人们与其坐等世界给他们想要的东西，不如更主动地为自己做事。人们可以通过更加自主的行为掌控交互过程。他们可以从社会环境中获得越来越多对自主的支持。他们的个性和所处的社会环境是相互作用的，共同影响着人们的经历和行为。

几年前，我为旧金山地区的一家公司做咨询。公司总经理的风格是控制的，向他汇报工作的 8 名部门经理很不高兴。当我和他们每个人单独见面时，他们都对总经理抱怨很多，但他们很被动，什么也没做。不足为奇的是，这些部门经理通过控制自己的工作团队来回应老板的控制风格，因此，他们的不快乐情绪会影响到他们管理的大约 100 名下属员工。我们对这种情况已经见怪不怪了。

在那里工作时，我的注意力主要集中在 8 位部门经理身上。我们花了一些时间来研究如何让他们在工作团队中拥有更大的自主。但更重要的是，我们致力于让他们满足自己的需求。很明显，如果经理自己感受不到胜任、自主以及与他人相联结，那他们也不会支持自主，不会与下属员工保持融洽的关系。当然，这也是我们在研究中从老师们身上明确的一点，老师们受到命令的压力，要确保学生达到较高标准。他们对学生的控制和评估相应地进一步增强——这与对学生和对老师们自己来讲最好的结果背道而驰。

在我看来，旧金山地区这家公司的 8 位部门经理必须学会如何相互帮助——相互提要求、相互付出。而事实也正是这样，在我与他们定期会面的几个月里，我注意到他们的办公室大门更多的时候是开着的。他们花更多时间相互联系，相互支持，一同解决问题。

他们打破了管理团队以前那种孤军奋战的状况。当他们开始以不同方式建立关系并相互支持时，他们变得更加自主，更支持他们的工作团队，从而在整个公司营造了更加高涨的士气。

但是，这些经理与他们的同事和下属之间关系的变化，只是整体变化的一部分。此外，他们还学会了如何"管理"他们的总经理。在这几个月里，总经理了解到，以前他和下属在一起工作时，自己是多么苛求和挑剔。这无疑也产生了一些积极的结果。但在我看来，更积极的结果是由 8 名部门经理组成的团队的变化所推动的，这些部门经理开始以不同方式对待他们的总经理，这真的很重要。他们请总经理给予他们需要的东西，而不是像以往那样在那里等待和生闷气。部门经理开始以礼貌的和建设性的方式向总经理提出反对意见，而不是继续说"是的，先生"，然后愤愤不平地走开。他们学会了揣摩他的情绪，以便在他的情绪最适合回应别人的时候才去接近他。部门经理学会了支持总经理，所以，总经理反过来也会回报部门经理。

在一次与管理团队共同参与的静修活动中，我鼓励部门经理在小组会议上相互给予积极的反馈。起初，他们觉得很难这样做，不是因为他们想不出说些什么话，而是因为他们不习惯在管理团队中给予积极的反馈。通过练习，事情变得容易了，部门经理们学到的部分知识是关于"'管理'总经理"的，这有助于他们为总经理提供积极的反馈。

随着时间的推移，部门经理们发现，当他们变得更加支持下属、同事和老板时，这些人也变得更加支持他们了。这确实产生了一种协同作用，而这 8 名部门经理行为上的改变，是产生这种积极影响的最主要原因。这种影响向总经理和部门员工两个方向辐射，为整个公司带来了积极的结果。

管理自身的体验

在控制型的环境中做到自主，不仅仅关系到管理环境，更重要的是还关系到管理自身以及自己的内在体验。此外，这还关系到形成管理情绪和内在冲动的调节过程，以及找到满足个人需求的方法。

人类的情绪是行动的强大能量来源。当人们生气或害怕时，就会产生巨大的能量。关于被困在汽车中或瓦砾下的人们最终逃生的故事比比皆是。当他们感受到强烈的情绪时，会迸发出惊人的能量。人们甚至说，当他们感受到强烈的情绪时，无法控制自己。

对每个人来说，形成有效情绪管理必需的结构体系和调节过程，是发展中的一项重大挑战。有些人比其他人更成功地克服了这一挑战，部分原因当然是他们拥有更加积极的养育环境。成功克服挑战的人能够充分感受到他们的情绪，同时也能体会到在如何表达情绪方面，他们拥有真正的选择。然而，那些没能战胜挑战的人，要么压抑情绪使自己感觉不到，要么被自己的情绪压垮。

我认识一个人，他似乎从来没有感受过任何情绪，即使被激怒了，也表现得若无其事。他为自己的坚强感到自豪。在成长的过程中，他通过严格的监管体系压抑自己的情绪。他和我认识的另一些人形成了鲜明的对比，那些人似乎总是在表达强烈的情绪，没能建立足够的结构体系来管理情绪的表达，因此常常被情绪压倒。这两种情况都不代表对情绪的最佳调节，也不代表情绪的自主运行。

情绪是对当前情境或记忆中真实或想象的刺激的反应。一个拳头打在你脸上、一句关于你有多么漂亮的评论，或者一辆车停在你面前，都是能让你产生情绪体验的刺激物。你还能回忆起蜜月时站在沙滩上的情景，或者几年前班级恶霸辱骂你、欺负你的情景。

然而，使人们产生情绪反应的刺激物并没有普遍的意义。人们会给他们遇到的刺激赋予自己的意义，而任何两个人赋予的意义，都可能大相径庭。同样的刺激可以让这个人感到快乐，却让那个人感到愤怒，因为每个人赋予它的意义各不相同。这些意义来源于刺激与人们的需求、欲望、期望之间的关系。

我的朋友吉姆·阿斯特曼（Jim Astman）曾经在几年前为他的妹妹写过一首歌，当时，他妹妹和大多数孩子一样，被臆想的怪物困扰。他在那首歌中建议妹妹"跟怪物做最好的朋友"。这里传递的信息很简单：如果你不认为怪物可怕，它们就不会吓着你。

调节情绪

正如心理学家玛格达·阿诺德（Magda Arnold）指出的那样，为情绪刺激赋予意义的过程，有两个组成部分。人们在遇到特定刺激时，几乎瞬间就能感知到它的意义，并且有一种内在的倾向，以特定的方式对特定的直觉意义做出反应。例如，一个快速移动的物体朝你的头部一侧迅速飞来，几乎可以肯定，你会从直觉上将其视为有威胁的，并且这会立即导致肾上腺素激增，让人产生恐惧和愤怒的感觉。逃避和猛烈回击的倾向总是存在于我们的神经系统中。

但是，这种直接的直觉反应只是第一步。随后，你会通过一个更加深思熟虑的过程去思考正在发生的事情。你可能意识到，这个物体不是要撞你，它只是一只飞过去的海鸥，飞向人们扔在你身后地上的食物。你有意识地思考的能力，可以调节你对那一刺激赋予的即时解释，之后你体验的情绪也会随着这种解释的改变而改变。当你重新评估实际发生的事情时，恐惧和愤怒就会消散。

这是一个重新评估的过程，也是一个更具反思性的评估过程，它使得人们能够控制自己的情绪。这也是吉姆·阿斯特曼在他的歌里强调的过程。为刺激物较少地赋予威胁意义，能够有效地自我调节，但不幸的是，人们不容易做到，只能努力去做。

人们将许多事件解释为威胁的一个原因是他们已经形成了自我卷入。正如前面所指出的，自我卷入意味着人们的自我价值感取决于某种结果。为了感到有价值，他们可能不得不使自己在别人看来是聪明的，或是温柔的、强壮的、富有艺术细胞的，或是英俊的。当人们变得极其死板并且控制他们自己，以便在别人看来显得聪明、温柔，或者展示其他优点时，他们可能在所有的事情上自我卷入。在自我卷入时，人们很容易受到他人的威胁。

自我卷入使得人们成为情绪的奴隶。如果他们需要在别人看来是坚强的，才能觉得自己有价值，那么，一旦别人认为他们懦弱，就会威胁到他们的自我价值，可能使他们勃然大怒。这种冲天的怒火源于将评价解读为一种威胁，但是，只有当人们将自我价值与坚强联系起来时，上面的评价才是一种威胁。人们可能会问自己："让别人认为我很坚强（或者温柔、有创造力、聪明等），真的那么重要吗?"这真的值得自己为之烦恼,并且以日后会后悔的方式行事吗?有趣的是,人们一旦开始自我卷入,就相当于给了别人一件武器,别人很快就会学会如何使用它。

如果人们不将某件事情认定为威胁,也就是说,如果认为这件事情无法威胁到他们的自我,那么,没有什么事情是对自我的威胁。当然,有些事情通常比其他事情更加伤人,同时,有意的侮辱也许很难不被解释为威胁,但是,人们依然可以更有效地不去把刺激理解为威胁。假如侮辱并没有产生实际的后果,比如被拒绝、被抛弃或者被解雇,那么,人们可以学着把侮辱理解为侮辱者的侵犯行为,尽管有点伤人,但不至于感到那么大的威胁。通过学习以不同的方式理解刺激,人们可以更有效地管理自己的情绪。

人们跳出这种局面的一种方式是对自己的自我卷入投入兴趣,并且开始探索是什么控制了他们。接下来,他们可以问问自己,是否真的有必要用这种方式来给自己施压和控制自己。通过探究自我卷入,我们可以找到各种方法来减少反应、减少控制、活得不太像个奴隶。通过探究自我卷入以及自我卷入将如何影响他们对刺激的解释,我们可以在不压抑自己情绪的前提下提升调节情绪的能力,也就是说,可以变得更加自主。

管理行为

通过改变对引发情绪的刺激的解释来调节自己的情绪,只是让情绪变得更加整合或者更加自主的两个重要步骤中的一个,而且,人们在此过程中给了自己一种超越控制力量的方法。另外一个重要的步骤是在引发情绪的行为方面获得更高的调节灵活性。

情绪有一定的行为倾向，这无疑是我们进化史早期遗留下来的。这些倾向（比如生气时想打人，害怕时想逃跑，或者高兴时想亲近他人）几乎可以自动发生，作为一种情绪的表达方式。但是，人们有能力抑制这些冲动并决定如何行事。

变得自主包括发展整合的调节过程来管理在情绪受到刺激时的行为。这样做，当人们愤怒、厌恶或高兴时，就能真正感到可以选择自己的行为。他们可以选择是否谈论或延长情绪，以及是否解决问题，他们还可以只是选择离开现场。当人们对某种情绪是整合的时候，将对自己的行为产生一种自由的感觉。如果这样，情绪就不会决定行为，相反，它将是一种信息，告诉行为人应该选择采取怎样的行为。行为的选择将基于对情绪的认识和对行为人想要达到的目标的考虑。当人们自主时，人们将对自己的情绪有一种完整的体验，同时，他们会在决定如何表达情绪时感到自由。

相比之下，如果情绪驱动的行为受到了内摄调节过程的控制，那么，人们在体验某种特定情绪的时候，就会以死板的、程序化的方式行事。例如，人们感到愤怒时，内摄可能迫使他们报复那些激怒他们的人。内摄这样告诉他们："这就是你挽回面子的方法。"或者，内摄也可能迫使他们不要让别人知道他们在生气。

甚至更为极端的是，有的内摄完全压抑行为人的情绪。我的一位熟人似乎从来不为任何事情烦恼，他恰好就是这方面的一个例子。然而，压抑会干扰自然有机的过程，并且可能产生可怕的后果。我们的情绪是一个重要的信使，它告诉我们，我们正在得到或者没有得到我们需要的东西。例如，恐惧和愤怒的情绪可能意味着我们认为得不到自己期望、渴望或需要的东西。

使用情绪作为线索，人们可以问自己两个重要问题。首先，我没有得到什么？其次，我真的需要它吗？情绪标志着人们目前的状态和他们秉持的某种标准之间的差异。这可能意味着，找到一种方法来得到他们想要的东西是有益的（例如，从别人那里获得更多的对自主的支持或者更令人满足的人际关系）；也可能意味着，他们的期望或愿望是不必要的或不合理的。自我卷入正是人们秉持的某种标准，这种标准也许无须存在。

一些人坚持的另一个标准限制了他们的自主和对生活的体验，这个标准是这样一种信念：他们只想要幸福的生活。这是一种含糊不清的说法，却变成了童话中的完美结局。事实上，幸福并不像人们吹嘘的那样，而且，大多数人并不是真的想要一直都幸福。人们经常选择去看那些令人非常不安的电影或歌剧，它们使人感到害怕、悲伤、厌恶或愤怒。对很多人来说，不管是在安全舒适的剧院中还是在危险的喜马拉雅山口，体验这些情绪都很有吸引力。他们寻求各种各样的感觉，即所谓消极的和积极的感觉。恐惧不是幸福，悲伤、厌恶或愤怒也不是。如果说感到愤怒和厌恶使人幸福，这完全没有道理。幸福不像人们想象中那样自然而然存在，它不应是人们追求、促进人类发展的唯一目标。

当人们只想要幸福时，实际上会破坏自己的发展，因为他们对幸福的追求会压抑自己体验的其他方面。想要幸福，可能会使得人们在失去亲爱的人时逃避悲伤（也就是压抑悲伤），或者在面对危险时回避恐惧。活着的真正意义不只是感受幸福，而是体验人类的各种情感。一旦对幸福的追求干扰了其他的情感体验，消极的后果很可能随之而来。

整合和自主意味着允许自己感受所有的情感，然后决定如何处理它们。然而，根据感觉的"纯粹"程度来区分各种感觉是有益的做法。人类主要体验的是一些基本的情绪，比如快乐、悲伤、兴奋和愤怒，另外还有一些情绪在认知上是叠加的。抑郁不是一种纯粹的情绪。它常与悲伤相混淆，但两者截然不同。悲伤是纯粹的情绪，你感受到它时，就会受到它的滋养。抑郁则充满了自我贬低、焦虑和怀疑。抑郁绝不会滋养你，它令人困惑和筋疲力尽，它是适应不良的。

在某些方面，夸大类似于抑郁。当一个人有了内摄的标准时，失败或者没能达到这些标准便会产生抑郁，而达到这些标准，便会产生夸大。夸大和抑郁一样，也不是纯粹的。它与自我吹嘘和贬低他人有相通之处。它不能滋养一个人真正的自我意识。

生活充满了各种各样的经历。有人成功，有人失败，有人建立关系，有人失去亲人。虽然一个人通常不会选择失败或失去爱人，但伴随这些经历的纯粹的情绪体验，是对这些人生变故做出最佳调整的必要环节。自主意味着允许自己完全体验自己的情绪，而情绪的体验，可能是人活在世上最令人满足和有成就感的元素之一。自主既不意味着由于内摄的告诫而阻碍情绪的意识，也不意味着让情绪压倒一切。它意味着充分地体验情绪，并对如何表达情绪有一种选择的感觉。

技巧的运用

在最近一次从伦敦起飞的航班上，一位好客的年轻空中乘务员给我端来一杯软饮。他的右手腕上缠着一根橡皮筋，我开玩笑说："不错的手镯。"但实际上，我怀疑他是不是在用它作为一种行为矫正技巧。我知道有这么一种自我惩罚的技巧，每当你感到一种特别的冲动或者产生了某种强迫性的想法时，就扯一下橡皮筋。这有点疼，但目的是通过将不良的思维模式和冲动与某种不愉快的刺激联系起来，进而打破它们。

涉及激励问题时，人们似乎总想要一些激励或管理自己的技巧。许多旨在使人们在这些方面"自助"的图书封面上都写着"激励自己的最新技巧"或者"已被证明有效的技巧"。事实上，没有什么技巧可以激励人们或者让人们自主。动机必须来自内心深处，而不是外在的技巧。它来自人们已经下定决心，确定自己做好了承担管理自己的责任的准备。

当人们真的准备好出于自己的个人原因而改变时，当他们愿意面对和应对隐藏在他们不良适应行为之下的无数感受（如焦虑、无能、愤怒、恐惧或孤独）时，就会有改变的动机。只有在这种情况下，各种技巧才可能对他们有用，但是，假如人们没有找到真正的解决方案，没有找出对自己重要的改变的理由，技巧不会有所帮助。当人们把技巧看成某种能够改变他们的东西时，他们便在表达一种外在的而不是内在的因果关系。他们错误地以为，实现有意义的个人改变的方式是被人控制，而不是自主。

个人想要改变的强烈愿望必须放在第一位。之后，某种技巧也许能给人们一些帮助。我认识一个很有条理的人，他做大多数事情都有条不紊。我记得他戒烟的时候，按照预先计划的步骤来做。他决定花 5 个月的时间戒烟，在戒烟之前，他每天抽两包烟，于是他定下目标：第 1 个月，每天抽 30 支烟；第 2 个月，每天抽 20 支；第 3 个月，每天抽 10 支；第 4 个月，每天抽 5 支。他说，到了戒烟的最后一个月，他每天抽 2 支，一支在午饭后，一支在晚饭后。到了第 5 个月底，他就下定决心再也不抽了。他发誓，他唯一需要的回报就是实现预定目标的满足感。嗯，他真的完全戒烟了，这是 7 年前的事情了，从那以后他再也没抽过烟。

这种设定目标的技巧很适合他的性格，所以他就这么做。这对他来说是个有用的技巧，但许多人使用了这种技巧，却悲惨地失败了。并不是技巧让人们停下来，让人们停下来的是他们自主的动机。一些下定决心戒烟的人会发现戒烟更容易，所以，设定逐渐减少尼古丁摄入量的目标，对他们来说不是一个有用的技巧。只有当一个人感觉合适时，只有当这个人做出了改变的真正选择时，运用技巧才可能有所帮助。假如香烟吸引了人们的兴趣，人们可能会在渴望吸烟时尝试用橡皮筋抽打他们自己的手腕。如果这种技巧适合他们，那么，当他们达到戒烟的标准时，可以给自己买些小礼物。他们可以选择自己的技巧，如果想使用这些技巧的话。但是，假如他们没有真正做好改变的准备，为一项注定要失败的技巧而烦恼是没有意义的。

接纳自己

改变的起点是接纳自己,并且关注自己的内心世界。举例来说,人们可能会问:我为什么过度饮食?我为什么对妻子大吼大叫?我为什么和孩子们在一起的时间这么少?我为什么这么离不开香烟?人们从一开始就采取了这些做法(也许是几年前甚至几十年前),因为这是他们能找到的应对某种困境的最好方法。

探寻人们做某事的原因可以是个有益的开始,但绝不能成为责备他们的理由。意识到人们为什么会做出这种适应不良的行为,将使得改变的过程顺利进行下去,也会因为将这种行为归咎于自己或他人而使得改变受到阻碍。当人们真正感兴趣的是他们为什么要做某件事,并且承诺要做出改变时,责备就变得无关紧要了。他们可能发现,每当他们害怕工作中的某个项目失败时,就会暴饮暴食。这是一个有趣的发现。这让他们能够想出怎样以不太伤害自己的方式来管理焦虑。但是,责备自己暴饮暴食或者用适应不良的方式控制自己对失败的恐惧,只会妨碍持久的改变。记住夏洛蒂·塞尔弗说过的话,"敢于变胖"。对你为什么变胖感兴趣,你就可以变瘦了。

某个男人可能发现,他之所以对妻子大喊大叫,是因为他不知道如何(或害怕)与她分享他的一些深刻感情或秘密。他大叫着要和她保持距离,以便保护自己。这非常有趣,而且是他去了解如何分享自己、如何敞开心扉、提高敏感性的第一步。这也许不容易做到,但结果会令人满意。

有意义的改变取决于有机体是否做好了准备。当人们觉得应该坚持的时候，当他们准备好每时每刻都做出承诺的时候，改变就会发生。施压无济于事，事实上可能会伤害到你，就像自我责备可能伤害自己一样。当人们感受到压力时，就会顺从或反抗。顺从将产生不太可能维持下去的改变，反抗则会一开始就阻止改变。有意义的改变发生在人们接纳自己之时，然后，他们有兴趣了解自己为什么要进行这样的改变，最后，他们就会确定自己准备好改变了。

第四部分

结语

Why We Do What We Do
Understanding Self – Motivation

第13章

追求自主的意义

　　加斯·费根（Garth Fagan）是当代舞蹈世界真正的天才之一。他的舞蹈团有一个标志性的舞蹈动作，即舞蹈演员以优雅的原始姿势高高跃起，往往跃上难以想象的高度。这种"规定动作"被称为"序曲：戒律即自由"。

　　费根团的舞蹈演员以势不可当的能量和力量腾空跃起并起起伏伏，但他们在表演中没有出现丝毫混乱或无组织的状态。相反，我们能看到他们的负责任和相互依靠。每一名舞蹈演员都在正确的时间出现在正确的地点。这体现了典型的负责任的态度，但同时又有着惊人的自由和灵活性。

　　这些舞蹈演员的行为有助于说明一个极其重要的观点：负责任不必被视为义务，反而可以与自由联系在一起。他们负责任的行为不是受他人控制的，而是自主的。如果他们感到有压力，必须出现在正确的位置上（如果他们只是内摄他们在舞台上的必要性），那就不会那么灵活和自由，表演的神奇感就会消失。但他们的行动是自由的，有着充分的意愿，所以，这些高度自律的舞蹈演员表现出了非凡的创造力。

亚伯拉罕·马斯洛也这样认为，他说："责任是令人愉快的，履行责任让人快乐。"对他来讲，"责任"并不意味着义务或强制，而是意味着根据情况做要做的事。如果你的孩子饿了，你会喂他们。但是，处于爱和对后代的深切责任感而做出的行为与仅出于义务和职责而做事之间有着很大区别。

存在主义哲学家让－保罗·萨特（Jean-Paul Sartre）认为，自由意味着完全接受自己的界限。自由存在于约束之中——不是别人任意施加的约束，而是真正的约束。比如那些使我们人类无法飞翔的约束、令我们人类无法承受潮汐波力量的约束，以及对我们中的一些人来说，使我们无法理解核物理的约束。这些是存在于事物本质中的真正约束。但是，强加在孩子身上的约束，比如"不要制造噪声，否则你会受到惩罚"，并不是自然的约束；相反，它是任意的，是由处于优势地位的人强加的。与那些使得我们真正了解自己的约束相比，这种强加的、任意的约束是肤浅的。

人们若想找到自由，部分途径是接受他们真正的约束，但这并不能确保他们在社会中有效地发挥作用。此外，他们可能需要接受一些由社会组织制定的强制的约束。当然，社会很看重人们接受这些规则。对每个人来说，一个重大的挑战是接受对他来说有意义的强制约束，同时又保持个人自主感。费根团的舞蹈演员似乎相当出色地做到了这一点。

内心的自由

在现代社会，如果人们足够聪明并且愿意努力工作，也许可以赚到数百万美元。他们可以举办音乐节、为自己盖房子、在组织中晋升、获得丰厚的财产、把孩子送到他们选择的学校去，如果他们能够并且愿意按照特定的方式行事的话。实现这些目标的工具性是相对明确的，强制的限制相对较少。

然而，目标和特定行为方式的必要性才是关键。这些人们可以自由追求的目标，也许最终会控制追求它们的人。例如，我们在卡瑟和瑞安的研究中发现，拥有异常强烈的外部愿望的人更容易受到控制，心理健康状况也更差。还有一种情况是，采用某种方式行事以获得某种结果的必要性，会让人感受到巨大的压力，尤其是如果一个人的自我或自尊取决于结果，或者处于优势地位的人（比如经理和老师）以控制的方式管理这种结果的话。

具有讽刺意味的是，追求个人目标的自由，往往导致人们因为自身的脆弱而放弃了大部分的个人自由，例如，由于他们对胜任、自主和联结的内在心理需求没有得到充分满足而形成自我卷入。在我们的经济体系中，大多数人的工作日没有时间回家照料花园，因为工具性（也就是以特定方式行事以获得预期结果的必要性）不允许他们这样做。正如前面阐述过的那样，虽然这些工具性提供了关于如何实现目标的信息，但它们也是人们被欲望、目标以及管理这些工具性的人所控制的手段。

上班期间回家照看花园时是自由的吗？全身心投入工作、一心一意追求自己的目标时，他们就自由了吗？要回答这些问题，有必要明确自由的含义。

"自由"一词通常适用于社会层面。在社会中，如果人们拥有大量机会来选择做什么和如何生活，同时强制的约束相对较少，那么，我们就认为人们是自由的。

当然，在任何社会中，有些人可能相对自由，有些人则不然，尽管如此，从社会允许普通公民追求个人目标的行动的自由程度这一角度来描述社会，总的来说还是可能的。以这种方式使用的"自由"这个词，指的是在社会制度的层面上不受外部强迫的自由。这意味着不被他人随意地限制你想住的地方、你想购物的地方、你想旅行的地方和你想学习的地方，当然还有其他一些方面。

在更贴近生活的层面上讲，处于优势地位的人们创造的直接人际环境会限制人们的自由。处于优势地位的人比别人更有权力，他们可以使用这种权威来进行相对的控制（或者，采用相对支持自主的方式）。本书中的大部分讨论，包括奖励和最后期限等因素的讨论，都涉及在控制人际关系的环境下如何限制自由。

然而，还有一种方式也可能限制人们的自由，这种方式比社会组织施加的远端或近端控制对我们理解自由更为重要。它是由内部约束施加的界限——由我们严格的内部体系施加的界限。我认识一个女人，她似乎无时无刻不在谈论她完成的交易和赚的钱。她真是干劲十足。此外，她还积极好胜，在她看来，赚钱和获得随之而来的影响力，显然比生活中其他任何事情都重要。

她真的自由吗？她在日常生活中是否拥有个人自由？外部约束的相对缺乏，使得她能够追求自己的目标。但是，她明显在追求这些目标时感到了很强的内在压力（也就是她对这些目标极为痴迷），这表明她并不是个人自由的典范。那么，开会总是迟到的教授呢？当别人期望他像其他人一样准时，而他却悖逆这种期望时，他是否表现得很自由？

这两个例子（一个是一心想着赚钱的女人，另一个是经常迟到的男人）代表了两种形成鲜明对比的个人自由的缺失。第一个例子是遵从内摄的、社会认可的价值观，第二个例子是蔑视这些价值观。两种情况都是人们在受到限制、受到内在力量的驱使时而采取行动。

从这个角度看，自由意味着真正的自主。它意味着以一种不受内摄、僵化的内部体系、使人麻痹的自我批评，以及否认限制的力量的约束而行事。自由意味着有自主的意愿，意味着人们在行动中被真正的自我所掌控。

一方面，社会提供或不予提供追求个人目标的机会，总是或多或少地形成了强制的约束。另一方面，也许更有趣的是，社会环境也在制造人们限制自身自由的内在压力，也就是说，社会环境在向人们灌输内摄的价值观和规则。

我们的社会对物质积累的高度重视，使得人们特别容易受到有条件的经济回报和有条件的爱的控制。所以，当处于优势地位的人采用控制手段来运用这些条件时，它们往往会对儿童、学生、员工和患者产生明显的负面影响。因此，处于优势地位、能够控制奖励的人，是系统性过程的催化剂。这些过程归根结底限制了许多生活在这一社会系统中的人们的心理自由。现代社会为人们追求期望的结果提供了极大的自由，但矛盾的是，人们的自由往往最终受到追求这些结果的限制。

社会环境在很大程度上影响着个人自由的程度，但它们并不能决定自由的程度。自由是一个人在任何特定时刻的心理功能的特征，因此，自由必须每时每刻都在实践之中。

然而，自由并不意味着以牺牲他人为代价去做自己的事情。相反，它涉及对他人的关心和对环境的尊重，因为这些都是人类相互联系的表现。自由涉及对个人内在本质的开放，在其中，你会发现联结和自主的倾向。出于对联结的需求，人们会逐渐尊重他们的社会环境和现实环境。费根舞蹈演员在表演中是自主的，同时也尊重和他们一同演出的其他人。

假如某个人进入某一情境并立即开始指挥周围的人，那他就不是自主的，因为真正的自主与联结相伴相随，还涉及尊重他人。那些一开始就对身边的人发号施令的人们，无疑是感受到了来自内部或外部的压力，从而试图控制他人，这只是压力的一种表现。如果一个人是自主的，他会首先接纳环境，然后立即尝试改变它。

我有一个朋友，是个非常积极和自信的人，不论什么样的环境，当他进入其中，便开始改变环境：把灯调亮点、把门窗关上、多放些胡椒、少发出噪声、移动那张桌子、把那个枕头收起来，他似乎使得一切都在不停地运转。在某种程度上，他得到了他需要的东西，我也尊重这一事实，但我总觉得，这太多了点。这并不是真正的自主和自由，而是太有压力了。好像他总是要证明什么似的。我想对他说，放轻松些，摸清情况，尊重这里的一切，照顾他人的感受，然后再考虑改变。

真正的自由需要在主动改变环境和尊重环境之间取得平衡。心理上的自由需要一种接纳他人的态度。我们不是我们自身的目的，而是一个更大体系中的一分子,因为真正的自我具有自主和联结的双重倾向,而一个根据发展良好的自我来行事的人,将会接纳他人,尊重环境,并且积极地影响两者。

选择与责任

人的自由导向真实,这涉及做好自己。伴随着自由而来的是责任,因为这是我们真实身份的一部分。在我们努力与社会整合的过程中,负责任地成长是我们的本性。心理学家安德拉斯·安吉亚尔(Andras Angyal)称之为我们的"同质倾向"(我们倾向于与更大的集体联合),"同质倾向"与我们的"自主倾向"结合起来,促使我们承担责任。然而,要实现这些倾向(从而实现整合和幸福),人们就需要从社会环境中获得营养。社会(以及作为其代表的社会化代理人)通过提供还是不提供这些营养影响着人们的心理自由。

不幸的是,在过去几十年里,自由、真实和责任的概念被社会批评家严重曲解,以至于围绕这些概念的争论变得混乱、令人绝望。由于目前对自主的研究为澄清混乱和解释自由的意义提供了基础,让我们简短地利用这些成果来反思过去几十年社会的发展趋势。

20世纪60年代是紧张而戏剧性的10年。一场范围广泛的社会运动获得了巨大的影响力,像风趣和好斗的艾比·霍夫曼(Abbie Hoffman)这样的人,以及随之而来的数以百万计的年轻人,把反叛带到了舞台的中心。有些人像艾比一样,是愤怒的灵魂,他们反抗所有形式的体制——他说，"是为了捣乱而革命"。有些人是迷失的灵魂，他们模仿反叛领袖，不顾一切地想要寻找归属感。不管是愤怒的还是迷失的人，他们肩并肩一同前行。有时，他们打碎窗户，烧毁建筑物，甚至抢劫银行。他们呼吁真实和社会责任，但在自己的生活中却缺乏这些。

但是，20世纪60年代是一个复杂的时代。对于在这个时代生活过的另一些人，这个时代的本质既不是反叛也不是控制。相反，这些人关心的是这个时代引人关注的主题，即发现自己的真理、彼此相爱、珍视地球、质疑战争的必要性，以及更大的个人发展和社会责任等主题。人们把这些信息牢记在心，并努力在自己的生活中做到真实。他们因这场运动而变得阅历丰富。

对这一时期进行反思的社会批评家通常要么将其描述为好的，要么将其描述为坏的，因为他们要么只关注那些真正在探索的人，要么只关注那些不负责任地反叛的人。查尔斯·雷奇认为，这是一场重大变革的一部分，它将催生更真实的个人和更加人性化的社会，但克里斯托弗·拉什将其称为一个自恋、自我满足的时代。心理学家罗洛·梅（Rollo May）说，20世纪60年代的运动关于通过爱和意志发现自我，但作家詹姆斯·林肯·科利尔（James Lincoln Collier）说，这是一场将自我放纵提升为美德的运动。由于没有认识到目标的多样性，这些批评家都未能抓住我们这个时代最重要的问题之一，即在一个价值观和制度似乎处处阻挠这些目标的社会中，人们如何才能既真实又负责任。

问题的一部分在于，那个动荡时期的两极情绪，导致批评家给一些术语赋予了错误的含义。艾伦·布鲁姆基本上把真实和自我放纵描绘成同一件事,他断言,做真实的自己意味着关心自己,而不是关心别人。因此,他错误地暗示,自我肯定的自主和深刻的个人责任感,不可能在同一个人身上共存。

诚然,那个时期的反叛大多是不负责任的和放纵的,在某种程度上也是不真实的;相反,这是对内摄的一种僵化反应,这种僵化使人们产生一种"内在的声音",听起来很像他们长辈的声音。这种被迫形成的控制的声音,目的是使青少年顺应当时社会的理想,这种声音施加压力、提出要求,并且评判和批评。对这些控制的主要反应,在20世纪50年代是顺从,到了60年代变成了反叛。

到了20世纪80年代,顺从再次占上风,并被许多人称赞为一种美德。那些看起来严于律己的人(他们行为端庄、衣着得体、言谈得当、身材匀称),获得了丰厚的回报。在80年代,我遇到了许多顺从的学生。他们踏上跑步机,直奔华尔街或麦迪逊大道。年轻的男孩穿着polo衫,配上雅致的金链子和名牌牛仔裤;年轻女孩甚至穿超短裙去上课。他们追求成功,选择的课程和课外活动使得他们的简历很好看。作家安·兰德和经济学家米尔顿·弗里德曼(Milton Friedman)曾被人们称为"预言者",在他们看来,刚刚描述的这些80年代的孩子们生活在一个促使他们顺从的世界中。

这些学生支持海湾战争的热情不逊于20世纪60年代的学生反对越南战争的热情,而且他们是用空洞虚华的口号而不是理性来支持的,就像许多反越南战争活动人士那样。我记得有一天下课后,看到一个穿着得体、和蔼可亲的年轻人就海湾战争高谈阔论。他不停地说爱国主义,说要阻止帝国主义侵略。我只是点了点头。

在20世纪60年代的学生和80年代的学生之间可以找到一个

有趣的相似之处。在 60 年代，有些人反叛，有些人则努力做到真实和负责任；而在 80 年代，有些人顺从和操纵，有些人则努力做到真实和负责任。80 年代顺从的人与 60 年代反叛的人一样不负责任，因为他们都没有在整合的价值观基础上自主地行事。

当社会仅仅通过内摄来施加控制时，人们要么顺从，要么反叛。但是，顺从和反叛都不代表真实，也不代表负责任。仅仅因为权威人士说了什么就藐视权威，是不负责任；但从相当深刻的意义上说，仅仅因为对方是权威人士就顺从对方，也是不负责任，这同样是事实。

负责任，真正的负责任，要求人们在与周围世界的关系中自主行动，他们的行为真实地代表着一些公共利益。每一个时代（如 20 世纪 60 年代和 80 年代）都有一些有爱的和坚定的学生，他们为无家可归者、被社会忽视者以及暴力受害者而辛勤工作。他们的行为是负责任的，表现了他们的真实性，而且也展示了他们与自己的内在自我和他人的内在自我之间的联系。他们之所以是负责任的，是因为他们能够摆脱环境的控制，是因为他们能够避开顺从和反抗的动力过程。

进入 20 世纪 90 年代，先前社会的动力过程似乎在过度控制或纵容的社会环境中得到了放大。压力越来越大，人们以各种不负责任的方式回应。与此同时，要求加强控制的呼声从四面八方传来——来自批评人士、政治家、普通公民，以及无数对自己行为不负责任的人。当然，问题是，更多的控制可能只会让事情变得更糟。

自由的核心是选择的体验。当人们自主时，便会体验到关于如何行事的选择，但当他们受到控制时（无论是顺从还是反叛），他们就体验不到选择。如果有人拿枪指着你的头说，"跳下去"，你可能会跳下去，没有选择。所以，如果一个内摄的声音对你说"跳下去"，你可能也会跳下去，没有选择。这些力量，无论是外在的还是内在的，都会减少人们对选择的体验，进而对人们的行为质量和幸福感产生非常重要的影响。

存在主义哲学家会说，人们总是有选择的。例如，萨特认为，人们每时每刻都通过自己的选择来创造自己的存在，因此，他们要对自己完全负责。然而，尽管这种说法从某种意义上来说是真的，而且，尽管选择是一种在一个压力重重的世界里能让人们超越政治和经济影响的能力，但是，在另一种意义上，对于人们总是有一些选择的断言，未能传达人类体验的本质。作为活着的有机体，人是有弱点的，这些弱点使得人们在极度缺乏对基本需求支持的情况下难以保持自由和健康的意识。当一个人正饥肠辘辘，而食物的获得有赖于向他人屈服时，仍然保持自由和真实的感觉，将是一个相对超乎寻常的壮举。在某种意义上，一个人会选择出卖自己的正直来换取食物和水，但这只是在一种相当抽象的意义上，因为它没有充分考虑到胁迫的体验和人的需要，而这些都是这一事件的组成部分。

与此同时，人的弱点是显而易见的，并且能从本质上限制人的自由，存在主义的立场给我们每个人都带来了重大挑战。它告诉我们，我们确实要对自己负责，它要求我们接受这一责任，而不是屈服于混乱和控制的力量。

致谢

首先,我要感谢理查德·瑞安,我和他合作了近20年,做了许多研究。瑞安阅读了这部书稿的多个版本,并且给出了无数的重要建议。其次,我们有几位合作者,如果没有他们的贡献,这本书就无法写成。我对他们所有人深表感谢。最后,克里斯托弗·沃尔什(Christopher Walsh)、杰伊·瑞安(Jay Ryan)、贝斯蒂·怀特赫德(Besty Whitehead)以及塞比·雅各布森(Sebby Jacobson)等人都阅读了本书的初稿,并且提出了有益的建议。

——爱德华·L.德西

参考书目

第 1 章

Charles A. Reich. *The Greening of America*. New York: Random House, 1970.

Christopher Lasch. *The Culture of Narcissism*. New York: Norton, 1978.

Allan Bloom. *The Closing of the American Mind*. New York: Simon and Schuster, 1987.

Loren Baritz. *The Good Life*. New York: Knopf, 1988.

Donald Winnicott. *Human Nature*. New York: Schocken, 1986.

Alice Miller. *The Drama of the Gifted Child: The Search for the True Self* (R. Ward, Trans.). New York: Basic Books, 1981.

第 2 章

Harry F. Harlow. Motivation as a factor in the acquisition of new responses. In *Current theory and research on motivation* (pp. 24–49). Lincoln, NB: University of Nebraska Press, 1953.

B. F. Skinner. *Science and Human Behavior*. New York: Macmillan, 1953.

Barry Schwartz. *The Battle for Human Nature*. New York: Norton, 1986.

Robert Henri quoted in Robert Goldwater and Marco Trever, *Artists on Art*. New York: Pantheon, 1945. P. 401.

Richard deCharms. *Personal Causation: The Internal Affective Determinants of Behavior*. New York: Academic Press, 1968.

Charles Reich. *The Greening of America*. New York: Random House, 1970.

第 3 章

Henry A. Murray. *Explorations in Personality*. New York: Oxford University Press, 1938.

第 4 章

Mihaly Csikszentmihalyi. *Flow*. New York: Harper, 1990.

Charles Taylor. *The Ethics of Authenticity*. Cambridge, MA: Harvard University Press, 1992.

Teresa M. Amabile. *The Social Psychology of Creativity*. New York: Springer-Verlag, 1983.

Frederick W. Taylor. *Principles of Scientific Management*. New York: Harper, 1911.

第 5 章

James P. Connell. Context, self and action: A motivational analysis of self-system processes across the life-span. In D. Cicchetti & M. Beeghly (Eds.), *The Self in Transition: Infancy to Childhood* (pp. 61–97). Chicago: University of Chicago Press, 1990.

Ellen A. Skinner. *Perceived Control, Motivation, and Coping*. Newbury Park, CA: Sage, 1995.

R. W. White. Motivation reconsidered: The concept of competence. *Psychological Review*, 1959, 66, 297–333.

Albert Bandura. *Social Foundations of Thought and Action: A Social Cognitive Theory*. Englewood Cliffs, NJ: Prentice-Hall, 1986.

第 6 章

Sigmund Freud. *The Ego and the Id*. New York: Norton, 1962. (Original work published 1923.)

Carl Rogers. *Client-centered therapy*. Boston: Houghton-Mifflin, 1951.

Frederick S. Perls. *Gestalt Therapy Verbatim*. Lafayette, CA: Real People Press, 1969.

B. F. Skinner. *About Behaviorism*. New York: Knopf, 1974.

Jean Piaget. *Biology and Knowledge*. Chicago: University of Chicago Press, 1971.

Talcott Parsons. *The Social System*. Glencoe, IL: The Free Press, 1951.
Abraham H. Maslow. *Motivation and Personality*. New York: Harper & Row, 1954.

第 7 章

Fritz Perls. *The Gestalt Approach and Eyewitness to Therapy*. Ben Lomond, CA: Science and Behavior Books, 1973.

第 8 章

Alice Miller. *The Drama of the Gifted Child: The Search for the True Self* (R. Ward, Trans.). New York: Basic Books, 1981.
Charles V. W. Brooks. *Sensory Awareness: The Rediscovery of Experiencing Through Workshops with Charlotte Selver*. Great Neck, NY: Felix Morrow, 1986.
Elie Wiesel. *Night* (Stella Rodway, trans.). New York: Hill & Wang, 1960.
Erich Fromm. *The Art of Loving*. New York: Harper & Row, 1956.

第 9 章

Charles A. Reich. *The Greening of America*. New York: Random House, 1970.
Paul Wachtel. *The Poverty of Affluence: A Psychological Portrait of the American Way of Life*. New York: Free Press, 1983.
James Patterson & Peter Kim. *The Day America Told the Truth*. New York: Prentice-Hall, 1991.
Ayn Rand. *The Virtue of Selfishness*. New York: The New American Library, 1961.
Carol Gilligan. *In a Different Voice*. Cambridge, MA: Harvard University Press, 1982.
Robert Young. *Personal Autonomy: Beyond Negative and Positive Liberty*. New York: St. Martin's Press, 1986.

第 10 章

A. S. Neill. *Summerhill: A Radical Approach to Child Rearing*. New York: Hart, 1960.
E. C. Tolman. *Purposive Behavior in Animals and Men*. New York: Century, 1932.

K. Lewin. *The Conceptual Representation and Measurement of Psychological Forces*. Durham, NC: Duke University Press, 1938.

第 11 章

J. M. McGinnis & W. H. Foege. Actual causes of death in the United States. *Journal of the American Medical Association*, 1993, 270(18), 2207–2212.

Hans Selye. *The Stress of Life* (2nd edition). New York: McGraw-Hill, 1975.

第 12 章

Magda Arnold. *Emotion and Personality, Vol. 1: Psychological Aspects*. New York: Columbia University Press, 1960.

第 13 章

Abraham Maslow. *Toward a Psychology of Being*. Princeton, NJ: Van Nostrand, 1962.

Jean-Paul Sartre. *Critique of Dialectical Reason*. New York: Verso, 1991.

Andras Angyal. *Neurosis and Treatment: A Holistic Theory*. New York: Wiley, 1965.

Charles Reich. *The Greening of America*. New York: Random House, 1970.

Christopher Lasch. *The Culture of Narcissism*. New York: Norton, 1978.

Rollo May. *Love and Will*. New York: Norton, 1969.

James Lincoln Collier. *The Rise of Selfishness in America*. New York: Oxford University Press, 1990.

Ayn Rand. *The Fountainhead*. Indianapolis: Bobbs-Merrill, 1943.

Milton Friedman. *Why Government Is the Problem*. Stanford, CA: Hoover Institute on War, Revolution, and Peace, Stanford University, 1993.

Jean-Paul Sartre. *Existentialism and Human Emotions*. New York: Philosophical Library, 1957.

Elena Bonner. *Alone Together*. New York: Knopf, 1986.

参考文献

Amabile, T. M., DeJong, W., & Lepper, M. R. (1976). Effects of externally imposed deadlines on subsequent intrinsic motivation. *Journal of Personality and Social Psychology, 34*, 92–98.

Benware, C., & Deci, E. L. (1975). Attitude change as a function of the inducement for espousing a pro-attitudinal communication. *Journal of Experimental Social Psychology, 11*, 271–278.

Benware, C., & Deci, E. L. (1984). The quality of learning with an active versus passive motivational set. *American Educational Research Journal, 21*, 755–766.

Blais, M. R., Sabourin S., Boucher, C., & Vallerand, R. J. (1990). Toward a motivational model of couple happiness. *Journal of Personality and Social Psychology, 59*, 1021–1031.

Boggiano, A. K. & Barrett, M. (1985). Performance and motivational deficits of helplessness: The role of motivational orientations. *Journal of Personality and Social Psychology, 49*, 1753–1761.

Boggiano, A. K. & Ruble, D. N. (1979). Competence and the overjustification effect: A developmental study. *Journal of Personality and Social Psychology, 37*, 1462–1468.

Danner, F. W. & Lonky, E. (1981). A cognitive-developmental approach to the effects of rewards on intrinsic motivation. *Child Development, 52*, 1043–1052.

Deci, E. L. (1971). Effects of externally mediated rewards on intrinsic motivation. *Journal of Personality and Social Psychology, 18*, 105–115.

Deci, E. L. (1972). Intrinsic motivation, extrinsic reinforcement, and inequity. *Journal of Personality and Social Psychology, 22*, 113–120.

Deci, E. L. (1972). The effects of contingent and non-contingent rewards and controls on intrinsic motivation. *Organizational Behavior and Human Performance, 8,* 217–229.

Deci, E. L., Betley, G., Kahle, J., Abrams, L., & Porac, J. (1981). When trying to win: Competition and intrinsic motivation. *Personality and Social Psychology Bulletin, 7,* 79–83.

Deci, E. L., & Cascio, W. F. (1972, April). Changes in intrinsic motivation as a function of negative feedback and threats. Eastern Psychological Association, Boston, MA.

Deci, E. L., Cascio, W. F., & Krusell, J. (1975). Cognitive evaluation theory and some comments on the Calder and Staw critique. *Journal of Personality and Social Psychology, 31,* 81–85.

Deci, E. L., Connell, J. P., & Ryan, R. M. (1989). Self-determination in a work organization. *Journal of Applied Psychology, 74,* 580–590.

Deci, E. L., Driver, R. E., Hotchkiss, L., Robbins, R. J., & Wilson, I. M. (1993). The relation of mothers' controlling vocalizations to children's intrinsic motivation. *Journal of Experimental Child Psychology, 55,* 151–162.

Deci, E. L., Eghrari, H., Patrick, B. C., Leone, D. (1994). Facilitating internalization: The self-determination theory perspective. *Journal of Personality, 62,* 119–142.

Deci, E. L., Hodges, R., Pierson, L., & Tomassone, J. (1992). Autonomy and competence as motivational factors in students with learning disabilities and emotional handicaps. *Journal of Learning Disabilities, 25,* 457–471.

Deci, E. L., Nezlek, J., & Sheinman, L. (1981). Characteristics of the rewarder and intrinsic motivation of the rewardee. *Journal of Personality and Social Psychology, 40,* 1–10.

Deci, E. L., & Ryan, R. M. (1985). The general causality orientations scale: Self-determination in personality. *Journal of Research in Personality, 19,* 109–134.

Deci, E. L., & Ryan, R. M. (1993). Die Selbstbestimmungstheorie der Motivation und ihre Bedeutung für die Pädagogik. *Zeitschrift für Pädagogik, 39,* 223–238.

Deci, E. L., Schwartz, A. J., Sheinman, L., & Ryan, R. M. (1981). An instrument to assess adults' orientations toward control versus autonomy with children: Reflections on intrinsic motivation and perceived competence. *Journal of Educational Psychology, 73,* 642–650.

Deci, E. L., Speigel, N. H., Ryan, R. M., Koestner, R., & Kauffman, M. (1982). The effects of performance standards on teaching styles: The behavior of controlling teachers. *Journal of Educational Psychology, 74*, 852–859.

Enzle, M. E., & Anderson S. C. (1993). Surveillant intentions and intrinsic motivation. *Journal of Personality and Social Psychology, 64*, 257–266.

Frederick, C. M., & Ryan, R. M. (1993). Differences in motivation for sport and exercise and their relations with participation and mental health. *Journal of Sport Behavior, 16*, 124–146.

Grolnick, W. S. & Ryan, R. M. (1987). Autonomy in children's learning: An experimental and individual difference investigation. *Journal of Personality and Social Psychology, 52*, 890–898.

Grolnick, W. S. & Ryan, R. M. (1989). Parent styles associated with children's self-regulation and competence in school. *Journal of Educational Psychology, 81*, 143–154.

Grolnick, W. S., Ryan, R. M., & Deci, E. L. (1991). The inner resources for school performance: Motivational mediators of children's perceptions of their parents. *Journal of Educational Psychology, 83*, 508–517.

Harackiewicz, J. (1979). The effects of reward contingency and performance feedback on intrinsic motivation. *Journal of Personality and Social Psychology, 37*, 1352–1363.

Harackiewicz, J. M., Sansone, C., Blair, L. W., Epstein, J. A., & Manderlink, G. (1987). Attributional processes in behavior change and maintenance: Smoking cessation and continued abstinence. *Journal of Consulting and Clinical Psychology, 55*, 372–378.

Ilardi, B. C., Leone, D., Kasser, R., & Ryan, R. M. (1993). Employee and supervisor ratings of motivation: Main effects and discrepancies associated with job satisfaction and adjustment in a factory setting. *Journal of Applied Social Psychology, 23*, 1789–1805.

Kage, M. (1991, September). *The effects of evaluation on intrinsic motivation*. Paper presented at the meetings of the Japan Association of Educational Psychology, Joetsu, Japan.

Kasser, T., & Ryan, R. M. (1993). A dark side of the American dream: Correlates of financial success as a central life aspiration. *Journal of Personality and Social Psychology, 65*, 410–422.

Kasser, T., & Ryan, R. M. (in press). Further examining the American dream: The differential effects of intrinsic and extrinsic goal structures. *Personality and Social Psychology Bulletin*.

Kasser, T., Ryan, R. M., Zax, M., & Sameroff, A. J. (in press). The relations of maternal and social environments to late adolescents' materialistic and prosocial aspirations. *Developmental Psychology.*

Kast, A. D. (1988). Sex and age differences in response to informational and controlling feedback. *Personality and Social Psychology Bulletin, 14,* 514–523.

Koestner, R., Ryan, R. M., Bernieri, F., & Holt, K. (1984). Setting limits on children's behavior: The differential effects of controlling versus informational styles on children's intrinsic motivation and creativity. *Journal of Personality, 54,* 233–248.

Lepper, M. R. & Greene, D. (1975). Turning play into work: Effects of adult surveillance and extrinsic rewards on children's intrinsic motivation. *Journal of Personality and Social Psychology, 31,* 479–486.

Lepper, M. R., Greene, D., & Nisbett, R. E. (1973). Undermining children's intrinsic interest with extrinsic rewards: A test of the "overjustification" hypothesis. *Journal of Personality and Social Psychology, 28,* 129–137.

Manderlink, G. & Harackiewicz, J. M. (1984). Proximal vs. distal goal setting and intrinsic motivation. *Journal of Personality and Social Psychology, 47,* 918–928.

McGraw, K. O. (1978). The detrimental effects of reward on performance: A literature review and a prediction model. In M. R. Lepper & D. Greene (Eds.), *The hidden costs of reward* (pp. 33–60). Hillsdale, NJ: Erlbaum.

Mossholder, K. W. (1980). Effects of externally mediated goal setting on intrinsic motivation: A laboratory experiment. *Journal of Applied Psychology, 65,* 202–210.

Plant, R. W. & Ryan, R. M. (1985). Intrinsic motivation and the effects of self-consciousness, self-awareness, and ego-involvement: An investigation of internally controlling styles. *Journal of Personality, 53,* 435–449.

Reeve, J., & Deci, E. L. (in press). Elements within the competitive situation that affect intrinsic motivation. *Personality and Social Psychology Bulletin.*

Ross, M. (1975). Salience of reward and intrinsic motivation. *Journal of Personality and Social Psychology, 32,* 245–254.

Ryan, R. M. (1982). Control and information in the intrapersonal sphere: An extension of cognitive evaluation theory. *Journal of Personality and Social Psychology, 43,* 450–461.

Ryan, R. M., & Connell, J. P. (1989). Perceived locus of causality and internalization: Examining reasons for acting in two domains. *Journal of Personality and Social Psychology, 57,* 749–761.

Ryan, R. M., Connell, J. P., & Plant, R. W. (1990). Emotions in non-directed text learning. *Learning and Individual Differences, 2,* 1–17.

Ryan, R. M., & Frederick, C. M. (1994). Psychological vitality: A theory and construct. Unpublished manuscript, University of Rochester.

Ryan, R. M. & Grolnick, W. S. (1986). Origins and pawns in the classroom: Self-report and projective assessments of children's perceptions. *Journal of Personality and Social Psychology, 50,* 550–558.

Ryan, R. M., Koestner, R., & Deci, E. L. (1991). Varied forms of persistence: When free-choice behavior is not intrinsically motivated. *Motivation and Emotion, 15,* 185–205.

Ryan, R. M., & Lynch, J. (1989). Emotional autonomy versus detachment: Revisiting the vicissitudes of adolescence and young adulthood. *Child Development, 60,* 340–356.

Ryan, R. M., Mims, V., & Koestner, R. (1983). Relation of reward contingency and interpersonal context to intrinsic motivation: A review and test using cognitive evaluation theory. *Journal of Personality and Social Psychology, 45,* 736–750.

Ryan, R. M., Plant, R. W., & O'Malley, S. (in press). Initial motivations for alcohol treatment: Relations with patient characteristics, treatment involvement, and dropout. *Addictive Behaviors.*

Ryan, R. M., Rigby, S., & King, K. (1993). Two types of religious internalization and their relations to religious orientation and mental health. *Journal of Personality and Social Psychology, 65,* 586–596.

Ryan, R. M., Stiller, J., & Lynch, J. H. (1994). Representations of relationships to teachers, parents, and friends as predictors of academic motivation and self-esteem. *Journal of Early Adolescence, 14,* 226–249.

Ryan, R. M., Vallerand, R., & Deci, E. L. (1984). Intrinsic motivation in sport: A cognitive evaluation theory interpretation. In W. F. Straub & J. M. Williams (Eds.), *Cognitive sport psychology,* pp. 231–241. Lansing, NY: Sport Science Associates.

Sheldon, K. M., Ryan, R. M., Reis, H. T., & Rigby, S. (1994). What makes for a good day? Competence and autonomy in the day and in the person. Unpublished manuscript, University of Rochester.

Smith, W. E. (1974). *The effects of social and monetary rewards on intrinsic motivation.* Unpublished doctoral dissertation, Cornell University.

Strauss, J. & Ryan, R. M. (1987). Autonomy disturbances in anorexia nervosa. *Journal of Abnormal Psychology, 96,* 254–258.

Swann, W. B. & Pittman, T. S. (1977). Initiating play activity of children: The moderating influence of verbal cues on intrinsic motivation. *Child Development, 48,* 1128–1132.

Vallerand, R. J., & Bissonnette, R. (1992). Intrinsic, extrinsic, and amotivational styles as predictors of behavior: A prospective study. *Journal of Personality, 60,* 599–620.

Vallerand, R. J., Blais, M. R., Lacouture, Y., & Deci, E. L. (1987). L'Echelle des orientations générales à la causalité: Validation Canadienne Française du General Causality Orientations Scale. *Canadian Journal of Behavioral Science, 19,* 1–15.

Williams, G. C., & Deci, E. L. (1995). Internalization of biopsychosocial values by medical students: A test of self-determination theory. Unpublished manuscript, University of Rochester.

Williams, G. C., Grow, V. M., Freedman, Z. R., Ryan, R. M., & Deci, E. L. (1995). Motivational predictors of weight loss and weight-loss maintenance. Unpublished manuscript, University of Rochester.

Williams, G. C., Quill, T. E., Deci, E. L., & Ryan, R. M. (1991). The facts concerning the recent carnival of smoking in Connecticut (and elsewhere). *Annals of Internal Medicine, 115,* 59–63.

Williams, G. C., Rodin, G. C., Ryan, R. M., Grolnick, W. S., & Deci, E. L. (1994). Compliance or autonomous regulation: New insights about medication taking from understanding human motivation. Unpublished manuscript, University of Rochester.

Williams, G. C., Wiener, M. W., Markakis, K. M., Reeve, J., & Deci, E. L. (1994). Medical student motivation for internal medicine. *Journal of General Internal Medicine, 9,* 327–333.

Zuckerman, M., Porac, J. F., Lathin, D., Smith, R., & Deci, E. L. (1978). On the importance of self-determination for intrinsically motivated behavior. *Personality and Social Psychology Bulletin, 4,* 443–446.

积极人生

《大脑幸福密码：脑科学新知带给我们平静、自信、满足》

作者：[美] 里克·汉森　译者：杨宁 等

里克·汉森博士融合脑神经科学、积极心理学与进化生物学的跨界研究和实证表明：你所关注的东西便是你大脑的塑造者。如果你持续地让思维驻留于一些好的、积极的事件和体验，比如开心的感觉、身体上的愉悦、良好的品质等，那么久而久之，你的大脑就会被塑造成既坚定有力、复原力强，又积极乐观的大脑。

《理解人性》

作者：[奥] 阿尔弗雷德·阿德勒　译者：王俊兰

"自我启发之父"阿德勒逝世80周年焕新完整译本，名家导读。阿德勒给焦虑都市人的13堂人性课，不论你处在什么年龄，什么阶段，人性科学都是一门必修课，理解人性能使我们得到更好、更成熟的心理发展。

《盔甲骑士：为自己出征》

作者：[美] 罗伯特·费希尔　译者：温旻

从前有一位骑士，身披闪耀的盔甲，随时准备去铲除作恶多端的恶龙，拯救遇难的美丽少女……但久而久之，某天骑士蓦然惊觉生锈的盔甲已成为自我的累赘。从此，骑士开始了解脱盔甲，寻找自我的征程。

《成为更好的自己：许燕人格心理学30讲》

作者：许燕

北京师范大学心理学部许燕教授30年人格研究精华提炼，破译人格密码。心理学通识课，自我成长方法论。认识自我，了解自我，理解他人，塑造健康人格，展示人格力量，获得更佳成就。

《寻找内在的自我：马斯洛谈幸福》

作者：[美] 亚伯拉罕·马斯洛 等　译者：张登浩

豆瓣评分8.6，110个豆列推荐；人本主义心理学先驱马斯洛生前唯一未出版作品；重新认识幸福，支持儿童成长，促进亲密感，感受挚爱的存在。

更多>>>

《抗逆力养成指南：如何突破逆境，成为更强大的自己》　作者：[美] 阿尔·西伯特
《理解生活》　作者：[美] 阿尔弗雷德·阿德勒
《学会幸福：人生的10个基本问题》　作者：陈赛 主编

习惯与改变

《如何达成目标》
作者：[美]海蒂·格兰特·霍尔沃森 译者：王正林

社会心理学家海蒂·霍尔沃森又一力作，郝景芳、姬十三、阳志平、彭小六、邻三月、战隼、章鱼读书、远读重洋推荐，精选数百个国际心理学研究案例，手把手教你克服拖延，提升自制力，高效达成目标

《坚毅：培养热情、毅力和设立目标的实用方法》
作者：[美]卡洛琳·亚当斯·米勒 译者：王正林

你与获得成功之间还差一本《坚毅》；《刻意练习》的伴侣与实操手册；坚毅让你拒绝平庸，勇敢地跨出舒适区，不再犹豫和恐惧

《超效率手册：99个史上更全面的时间管理技巧》
作者：[加]斯科特·扬 译者：李云

经营着世界访问量巨大的学习类博客
1年学习MIT4年33门课程
继《如何高效学习》之后，作者应万千网友留言要求而创作
超全面效率提升手册

《专注力：化繁为简的惊人力量》
作者：[美]于尔根·沃尔夫 译者：朱曼

写给"被催一族"简明的自我管理书！即刻将注意力集中于你重要的目标。生命有限，不要将时间浪费在重复他人的生活上，活出心底真正渴望的人生

《驯服你的脑中野兽：提高专注力的45个超实用技巧》
作者：[日]铃木祐 译者：孙颖

你正被缺乏专注力、学习工作低效率所困扰吗？其根源在于我们脑中藏着一头好动的"野兽"。45个实用方法，唤醒你沉睡的专注力，激发400%工作效能

更多>>>

《深度转变：让改变真正发生的7种语言》 作者：[美]罗伯特·凯根 等 译者：吴瑞林 等
《早起魔法》 作者：[美]杰夫·桑德斯 译者：雍寅
《如何改变习惯：手把手教你用30天计划法改变95%的习惯》 作者：[加]斯科特·扬 译者：田岚

心理学大师经典作品

红书
原著:[瑞士]荣格

寻找内在的自我:马斯洛谈幸福
作者:[美]亚伯拉罕·马斯洛

抑郁症(原书第2版)
作者:[美]阿伦·贝克

理性生活指南(原书第3版)
作者:[美]阿尔伯特·埃利斯 罗伯特·A.哈珀

当尼采哭泣
作者:[美]欧文·D.亚隆

多舛的生命:
正念疗愈帮你抚平压力、疼痛和创伤(原书第2版)
作者:[美]乔恩·卡巴金

身体从未忘记:
心理创伤疗愈中的大脑、心智和身体
作者:[美]巴塞尔·范德考克

部分心理学(原书第2版)
作者:[美]理查德·C.施瓦茨 玛莎·斯威齐

风格感觉:21世纪写作指南
作者:[美]史蒂芬·平克